反本能

怎样战胜人性的弱点
和你的习以为常

宋洁 著

中国华侨出版社

·北京·

生物演化的过程，也是一个与本能对抗的过程。比如，大多数动物想要生存，就不得不改掉慵懒的本能，让自己跑起来，以躲避天敌或者猎取食物；狼为了更好地生存，会克制自私的本能，相互之间选择合作，让出部分食物；人为了更好地生存，则制定了文明的规则，以克制争斗的本能。

弗洛伊德说，人类文明的进程就是人们对本能进行压制的过程。人与动物最大的区别，在于人类能够更好地克制自己的本能，为长远的利益着想。动物很少做那些短期内看不到收益的事情，因为动物的本能就是及时享乐，而人类为了长远的利益会尽量克制自己享乐的本能，延迟满足。

如果一个人不能很好地克制自己的本能，那么他就更容易被这个社会所淘汰。这就体现了反本能的重要性——越是能够克制本能的生物会更高级一些，而越是能够战胜自己本能的人往往更优秀些。

说到"反本能"，就必须讲到自控力，这是反本能的关键所在。所谓自控力，就是控制自己的注意力、情绪、语言、行为等的能力，它会影响一个人的身体健康、经济状况、人际关系和事业等诸多方面。

　　然而，大多数人都觉得自己自控力弱——自控只是一时的行为，而力不从心和失控却是常态。另一些人则觉得，自己被非受控的想法、情绪和欲望支配着，主宰自己的生活的，很多情况都是一时冲动而非审慎抉择。

　　作为社会人的我们，都有胆怯、狂躁、懒散和拖延等毛病，这是人性的弱点使然，只不过每个人程度不同而已。那么，我们该如何开展一场反本能的战斗，让自己在激烈的竞争中有更多的优势，变得更卓越呢？

　　本书针对每个人在自我提升和人际交往等方面迫切需要解决的问题，提出了许多富有价值的建议，告诉你如何克制欲望、管理时间、驾驭情绪、战胜恐惧、学会坚持，以及改变旧习惯、培养良好的新习惯等。帮助你分析你至今还没有成为更好的自己的原因，教你改变思维，掌握技巧，成功掌控自己的时间和生活。

目 录

第一章

反本能之克制欲望
——压制那些会使你"堕落"的享乐念头

反本能：
怎样战胜人性的弱点和你的习以为常

第四章

反本能之培养好习惯
——好习惯难养成,坏习惯难戒掉

第五章

反本能之修炼情商
——克制人的自私本性和攻击本能

第六章

反本能之树立自信
——走出自卑畏难的泥潭

第七章

反本能之学会坚持
——做事别总是三分钟热度

第八章

反本能之锻炼毅力
——不要总是想得美而不行动

反本能：
怎样战胜人性的弱点和你的习以为常

第九章

反本能之停止抱怨
——别怨天尤人，别给自己找借口

第一章

反本能之克制欲望

——压制那些会使你『堕落』的享乐念头

那些会让你忍不住的陷阱

你会忍不住吃掉一袋薯片，你会忍不住刷爆你的信用卡，你会忍不住买你看到的精致服饰，你会忍不住一夜都熬在互联网上……

"你会忍不住"是一个十分严重的问题，同时也是一个陷阱，稍不留意，很多人就会陷入其中。这说明你无法控制你自己，多数时候你会被感性操控，从而做出事后可能十分后悔的事情。

为什么会这样呢？这就和我们的自控力有十分紧密的关系了。

自控力即自我控制的能力，指对一个人自身的冲动、感情、欲望施加的正确控制。自控力包含自我觉悟、自我约束和毅力，以及能够在决策中考虑行动后果的能力。广义的自控力指对自己的周围事件、对自己的现在和未来的控制感。即你能否支配自己成功或者失败，你能否支配你的人际关系，你能否支配你的人生走向。

保罗·哈莫尼斯是哈佛大学心理学教授，他的办公室在一幢四层高的小楼里，距离哈佛广场只有几公里远，他在这里从事心理咨询工作已经有些年头了。

去他那里咨询的人，年龄和职业各式各样，有学生、律师、销售人员、白领、家庭主妇……他们有一点几乎是一致的，那就是无一例外地对生活都有所抱怨。至于抱怨的内容，比较多的是：

"为什么我始终怀才不遇，而那些没有才华的人却飞黄腾达？"

"为什么我有名牌大学的学历，却在生活和工作中处处碰壁？"

"为什么别人都有机会获取权力，唯独我没有？我再也不能这样继续下去了，我想改变自己。"

他们抱怨和懊悔的都是生活如何不公，自己如何倒霉，似乎整个世界都在与他们作对。而他的工作则是要让他们明白，外面的一切混乱都源于内心的混乱，你在外面的不顺，实际上是源于你内心的无序。

也就是说，是内心的混乱降低了你的智慧，使你无法发现机会，无法施展能力，无法获取权力。如果你对内掌控了心灵，就能向外获取权力。

这里所说的掌控内心，是指运用大脑科学和心理学的研究成果，通过自控内心来释放自己的能力，从而掌控外面的世界，最终成为一个能够对自己的生活和工作有效行使权力的人。正是从这个角度，我们才说，只有掌控了自己内心的人，才有可能最终获取权力。而一个懂得掌控内心的人，必然是一个自控力极强的人。

那么，自控力又是如何影响我们的生存状态和未来走向的呢？

我们以时间管理为例。首先，我们来看一看我们一生的时间安排（仅为参考数据）：

我们整个时间分为学习工作时间（学校学习、个人学习、个人工作等）、生理必需时间（饮食、睡眠等）、劳务时间（打扫、购物、做饭等）、娱乐时间（外出活动、锻炼、休闲等）。一项调查显示，人们在工作日一天的时间划分大体是上班8小时零3分，加班时间17分钟，做兼职时间为13分钟，上下班路途时间为61分钟，睡眠时间为7小时41分钟，用餐1小时16分钟，做个人卫生和其他时间1小时46分钟，做饭时间为50分钟，购物、做家庭卫生和照顾老幼时间大致各为12～20分钟。闲暇时间中，看电视为3小时6分钟，健身为12～13分钟，读书看报听广播约30分钟，娱乐活动22分钟。

在这些时间里，我们可以看出，多少时间可以扩展进行自我提升，多少时间可以压缩以便节能提效。而这些时间是可以由我们自己来控制的，我们无法在时间的划分上予以一个非常标准的答案，因为个人想法和生活习惯不同，但是，我们能够提出一个相对有效的建议，那就是自我充实（比如个人技巧的学习、能力的提升、文化的增长等）的时间可以适当加大比例，而生理必需时间、劳务时间、娱乐时间可以在合理、健康的范围内进行适当的调整。

这样，你可以控制自己将时间放在更有效、更有利于发展的方面，而不是只空想或者后悔痛苦。

在哈佛大学，教授们会时常提醒学生们要做好时间管理，因为他们的学业任务非常重，压力很大。对于如何利用时间，相信没有比哈佛的学生做得更好的了。在哈佛，经常会看到一边啃着面包一边忘我地在看书的学生。哈佛学子总是利用一切可以利用的时间看书学习。

这对哈佛学子习惯的培养和成长是有益的。因为这种有计划的理性控制，会逐渐培养出他们对于自身感性和理性配比的掌握。哈佛学子会更清楚自己要做的事情以及什么是他们想要达到的结果。在达到这个结果的过程中，他们也就能有效地操控。

当然，时间管理习惯培养只是自控力的一部分，这是比较典型的自控力操作，在之后的内容中，我们会详细说明。而我们要明白的是，这个自控学习的时间越往前越好，就像莫菲特说的那样："在生活中尝试学习自我控制能力拖得越晚，要扭转和克服的问题越多。"

所以，无论你是想要培养自己的孩子，还是想要改变自己的生活状态，你都要有所意识——意识到你必须要学会自我控制，意识到你需要尽早进行这样的控制，意识到你在这个自我控制过程中可能遇到的困难，意识到克服这些困难带来的痛苦，意识到在战胜这些痛苦后你将会收获的一切……

想要做到自我控制并不简单，它意味着你需要处理许多复杂的问题和战胜很多情绪上的痛苦甚至是危机。我们不要低估自己的意志力和能力，我们有足够的掌控力能够给自己一个更好的空间。

心理学研究表明，一个人的认识水平和动机水平会影响他的自控力。一个成就动机强烈、人生目标远大的人，能抵制各种诱惑，摆脱消极情绪的影响。无论他考虑任何问题，都着眼于事业的进取和长远的目标，从而获得一种自我控制的动力。

你不能拥有你想要的所有东西

"世界都在我的掌心，我能够掌控生活中的一切！我是神！我能够拥有我想要的所有东西！"这样的想法偶尔会出现在我们的脑子里。就像是一个奇怪的轮盘，偶尔转动到某一个齿轮的时候，会出现奇异的"啪嗒"声！这是一个奇怪到连我们自己都不想去承认的声音——因为没有人会承认，自己会是这样自大！自己竟然会有这样的野心和欲望！这会显得自己是多么无知，甚至是愚蠢。

这种"我是万物之主"的想法并不可耻，它甚至可以说是由于人类本性中的高傲和天然自信形成的。这也就是为什么人在失去某样东西或者是得不到某样东西的时候会有一种潜意识的失落感。因为你在潜意识里告诉自己，这本该是你可以拥有的东西，但是，因为很多外界的因素，导致你无法拥有。这样自大的想法，让人觉得不可思议，却在情理之中。你不要急着去否认这一点！

你可以试想一下，当别人在否定你的时候，为什么你会有一种难以言喻的不快？当别人指责你引以为豪的想法是一个愚蠢的主意时，为什么你会有本能的抵抗？我们潜意识里更倾向于站在自己的角度上去看一个问题，当你有一个想法产生的时候，意味着你或多或少都站在"这个想法是正确的，哪怕它并非无懈可击，哪怕它还需要完善，但是，它是正确的"的立场上。这种"以自我为中心"的意识无可厚非，也是可以理解的。因为，这也是一种欲望，你渴望获得某样东西的欲望！

但是，我们知道，人的生存是一种进化，我们的一些极端想法如果不能适应我们的生存环境的话，我们就会改变，以此让我们从生活中感受到更多的愉悦，这种"越进化越快乐"的生存方式也是必须存在的。

当这样的意识有所确定的时候，我们就要面对这样的一个事实——这种承认自己无能为力的观点是可以自由运用的，承认自己的"无能为力"并不可耻。为什么呢？想想，当你觉得自己的体型无法像恐龙那样庞大的时候，你并不会为此脸红；所以，你也不必为你的体型无法像蚂蚁那样微小而感到耻辱。这种情绪非常正常！

但是，在现实生活中，我们不是这个样子的。社会的压力给予了我们更严苛的要求，它让我们觉得某些理所应当的事情是非常可耻的！

"我做不了联合国秘书长。"——这似乎没人会去嘲笑你的无所作为。但是，"我竟然还没有我的邻居挣钱多，这实在太羞耻了！"——这个时候，我们觉得，在这种攀比之下，我们似乎被一无所知的邻居羞辱了！我们的好胜心不允许我们在这场"无人承认"的战斗中失败。可是，这又有什么意义呢？

你不能拥有你想要的所有东西；你无法完全掌控你的人生和生活；你总有无能为力和痛苦难堪的时候。不要拿无妄的自大去比较、去战斗，你根本就不需要去比较，因为有些东西你并非一定要拥有和追求，更因为有些东西甚至可能不是你真正"想要的"！很多时候，我们的观点并非与生俱来，我们受着社会的影响——我们的老师、父母、朋友，我们活在他们的眼里，也涉及他们的生活，这是一个生活的圈子，注定了我们"不自由"！

所以，你要告诉你自己："我不能拥有自己想要的所有东西！因为，这个世界并不是以我为中心，我没有伟大到去撼动整个世界的力量，但是，我可以去改变自己！"你可以去寻找真正让你感到开心或者幸福的事，真正地去思考你"想要的"，思考它的价值，思考你对它的真实度。对自己诚实一些，或者说，让自己显得卑微一些，并不可耻。

　　欲望和现实之间总是有无法逾越的鸿沟，因为人的欲望是无止境的。这是来自人性的缺憾。因为贪心，我们会忽略自己的弱点，盲目前行，自掘坟墓。即使危险摆在面前，我们无暇去理会、去避让，贪婪会遮住我们的双眼，使我们丧失理智，蒙蔽我们的内心，使我们无法感到幸福。

抵制那些不合理的欲望

　　合理、有度的欲望本是让人奋发向上、努力进取的动力，但倘若欲望变质了，我们就容易上当受骗。人的欲望一旦转变为贪欲，那么在遇到诱惑时就会失去理智。

　　人，生而在世，饥而欲食，渴而欲饮，寒而欲衣，劳而欲息。所谓"生死根本，欲为第一"。人人都有欲望，正是欲望的满足给人们带来了幸福的感觉。然而，欲望要适当，不应过度。当人的基本欲望满足后，过多的贪念，只会让幸福之井干涸。

　　几年前，美国一座城市的某个大商场发生了一起盗窃案，8只金表被盗，商场一共损失16万美元，这在当时是相当庞大的数目。就在案子的侦查过程中，外地商人罗森到此地购买货物，随身携带了 4 万美元。入住酒店后，他把钱先存放到了酒店的保险柜，然后就外出吃早餐了。

就餐时，罗森意外听到了邻桌在谈论这桩金表失窃案。因为急着处理自己的事务，他并没有过多在意他们的谈话。中午吃饭时，他又听到邻桌在讨论这个案子，他们还说有人用 1 万美元买了 2 只金表，转手后可以稳赚 3 万美元，其他人纷纷显示出羡慕的眼光。虽然罗森心存怀疑："天下哪有这么好的事？"但心里还是存有一丝"要是让我遇到该有多好啊"的想法。

晚饭时罗森在酒店的餐厅依旧听到有人在谈论那件事情。饭后回到房间，他忽然接到一个电话："你对金表有兴趣吗？我看得出你是个做买卖的大商人，老实跟你说，这些手表在本地不好脱手，如果有兴趣，我们可以卖给你，你可以到附近的珠宝店鉴定手表的品质，怎么样？"

罗森接到电话后，不禁怦然心动，如果自己买下这些手表，获取的利润肯定比一般生意多很多。于是，他答应与对方会面详谈，最后他如愿以偿，花 4 万美元买下了他们所盗的 8 只金表中的 3 只。

一夜兴奋过后，第二天他从醉梦中逐渐醒来。他拿着金表仔细端详了一会儿，却猛然觉得有些不对劲，于是他赶紧将手表拿到熟人那里去鉴定。令他瞠目结舌的是，经过鉴定，所有金表都是赝品，总价值不超过 2000 美元。

这帮骗子落网后，罗森总算明白了事情的真相。从他开始进酒店存钱，这伙骗子就盯上了他，而且骗子们故意安排设计了关于金表的话题。

正是由于过多的欲望使得罗森失去了钱财，还差点儿惹上了牢狱之灾。

经济增长和幸福感不是一码事，有钱了不等于幸福了，我们要培养乐观心态，培养创新思维，培养幽默品质，培养感恩的心。人心不足蛇吞象，什么都想要，最后可能什么也得不到，越是得不到就越想要，一辈子将自己置于忙忙碌碌、钩心斗角之中。这样活着，一辈子都不会感到幸福。释放自己的心灵，不要让自己太累。机关算尽的结果往往是身心俱疲却一无所获。

佛说：尘俗间，酒池肉林，红尘漫舞。名缰利锁，欲望浮沉，这一切，都在引诱着人、迷乱着人。得与失、荣与辱、起与落，你在乎的越多，心里就会越痛苦；你舍弃的越多，内心就会越清净。

无欲则刚，淡泊明志心自远。因此，我们应该抛去功名利禄，不要为其所累。不要让太多的欲望夺走本该属于自己的幸福。所谓知足者常乐，知足就是减少欲望。减少欲望，快乐就会随之而来。智者曾说过，节欲戒怒，是保身法；收敛安静，是治家法；随便自然，是省事法；行善修心，是出世法。守此四法，结局通达。万事皆应顺其自然，不要有太多的欲求。

当欲望产生时，如果不加以节制，便成了贪婪。欲望太多往往会让幸福之井干涸。人非生而贪婪，只是受后天环境的影响，形成自私、索取、不满足的价值观，出现不正当行为。欲望过多，人就变得贪婪，贪婪的结果只会是得不偿失。

抵制舌尖上的诱惑

美国的研究人员发现，青少年的暴力倾向和他们饮用汽水的多寡有很大的关系。每周饮用5罐以上高糖分汽水的A城中学生，出现暴力行为的可能性比其他喝较少汽水的同龄人高了9%～15%。

研究人员向A城的1878个14～18岁学生展开问卷调查。A城的犯罪率较富裕的郊区来说高许多。大部分接受调查者是拉美裔、非洲裔或混血儿；亚裔和白人占少数。

在声称每周只饮用一罐或完全不饮用汽水的学生当中，23%声称他们身上有刀子；15%会对其伙伴暴力相向；35%曾对同龄人使用暴力。至于那些每周饮用14罐汽水的青少年，43%自称身上带刀子；27%会对伙伴暴力相向；58%以上曾对同龄人使用暴力。

尽管研究人员强调，他们还需要展开更多研究，才能确定汽水与暴力倾向之间的关系。但我们可以得出结论，有些食物能够影响人的情绪。科学家经过长期的研究发现，大脑中的神经传导物质将各种信息传递到身体的各个部位，目前已经确认的这种传导物质有100种以上。

其中，影响情绪的有肾上腺素、多巴胺、血清素和内啡肽。肾上腺素、内啡肽是传递"幸福"的元素；多巴胺也有改善情绪的作用；血清素影响人的满足感，如果血清素含量不足，人就会感到疲倦、情绪低落。

研究人员还进行过这样一项实验：他们定期给小白鼠饮用汽水，结果小白鼠迅速老化，寿命减短。实验证明，汽水中含有大量磷酸盐，会令皮肤和肌肉失去生气，变得干枯，而且会损害心脏及肾脏。研究人员指出，虽然至今只在老鼠身上得到验证，但相信高水平的磷酸盐对人类会造成类似的潜在副作用。除汽水外，加工肉类、蛋糕及面包也含有磷酸盐。

满桌的珍馐佳肴总能引起人们无穷的食欲，但如果不懂科学饮食，往往会给身体带来很大伤害。那么如何做到科学饮食？专家依据所获得的科学证据，根据食物与健康之间的关系，建立了新的健康饮食食谱。具体如下：

1. 全麦食品

全麦食品富含小麦胚和小麦麸，更是纤维素的极佳来源。由于它低脂肪高纤维，维生素和矿物质的含量都较高，所以常吃全麦食品不仅是保持苗条身材的最佳选择，更是饮食健康的重要原则。另外，经研究证实，全麦食品可以有效地控制血糖和胰岛素水平，患心脏病和糖尿病的概率较低。常见的全麦食品有燕麦、粗面面包和糙米等。

2. 植物油

动物脂肪中多饱和脂肪酸，这是引起心血管病的元凶。植物油中饱和脂肪酸的含量很少，这是植物油的优点，也是很多健康专家提倡食用植物油的原因。食用植物油可以有效改善人体胆固醇水平，还能防止潜在的心脏猝死和心肌梗死等。常见植物油有橄榄油、大豆油、玉米油、葵花子油、花生油等。

3. 蔬菜和水果

蔬菜和水果不仅含有丰富的维生素，还含有有机酸等其他利于人体健康的物质。关于果蔬的功效，一项研究表明，每摄入约80克果蔬，冠心病发病危险可降低4%。

4. 鱼、禽、蛋

鱼、禽和蛋是人体蛋白质、脂类、脂溶性维生素、矿物质的主要来源，是平衡膳食的重要组成部分。但是，禽和蛋含有一定量的饱和脂肪酸和胆固醇，摄入过量会增加患心血管病的危险。而鱼的脂肪含量较低，大量的研究表明，吃鱼对人体有益。

5. 坚果

坚果不但含有高质量的植物蛋白，还富含膳食纤维、维生素和矿物质。专家指出，杏仁、腰果、核桃和花生是自然界中增强人体免疫力的食物，甚至还有减肥的功效。虽然如此，我们吃坚

果时，还是要多选择没有加盐、没烤过的种类。

6.奶制品

奶制品含钙丰富，对骨骼健康生长很有帮助，也能预防骨质疏松，经常食用奶制品有利于我们的身体健康。常见的奶制品如牛奶、酸奶、奶酪等。对于想要保持身材的女性而言，平时可饮用脱脂或低脂产品。

7.酒精类

酒是把"双刃剑"，每天饮用少量酒，有利于人体健康。但饮用过量，对生命有害。如何定量呢？研究表明，每天饮用1～2小杯即可。

【反本能攻略】

俗话说"药补不如食补"，这话在一定程度上是有道理的。通过合理、科学的饮食，可以吃出健康，减少疾病。所以，我们应该关注日常饮食，为生命摄取最佳养料。

走出舒适圈，远离那些让你身不由己的大量信息

哈佛大学的一位教授曾对学生说，如果你学我这门课，那你一天就只能睡两个小时。学生想，那我要是学四门课，我就没有睡觉的时间，还得倒贴睡眠时间。

在哈佛，一个博士生可能每3天就要读完一本几百页的书，还要上交阅读报告。

然而在生活中，却有很多事情并不是我们想去面对的。当事情发生的时候，很多人会觉得无力应对及反抗，悲观的人就用自我催眠的方式麻痹自己，选择逃避，觉得踏出舒适圈是一件非常骇人的事。舒适，让很多人失去自控能力，他们把决定权交给命运，处于一种庸庸碌碌状态。

而哈佛人却拒绝舒适，在哈佛，舒适是一件奢侈的事情，也是一件让哈佛人不齿的事情。哈佛老师经常给学生这样的告诫：如果你想在进入社会后，在任何时候任何场合下都能得心应手并且得到应有的评价，那么你在哈佛的学习期间，就没有晒太阳的时间。在哈佛广为流传的一句格言是："忙完秋收忙秋种，学习，学习，再学习。"

我们没有哈佛的那种氛围，但我们要学着走出舒适圈。而这最重要的是从小处做起，先完成那些力所能及的事，选择一种较小的无效行为模式，通过准备式的训练来学会控制。通过身体上

的行为来改变生活中的细微的行为模式，你会逐步踏出舒适圈。当你踏出舒适圈，你就是改变了行为模式，开始控制自己。当你在某一领域重新控制自己，你就会有信心在其他领域得到改变。切忌脱离实际，无论你的行为模式是什么，都要做好准备，逐步改变。当你踏出舒适圈，无论步伐多小，都要奖励自己。

除了走出舒适圈，我们还要学会拒绝一些不良信息。这些信息常常让我们不由自主地陷入其中，让我们成为它们的傀儡，从而失去自控能力。

有句话叫作："谎言重复一千遍也会成为真理。"当画面清晰地展现在眼前时，我们往往会多想几次，这样一个重复的过程，事实上也是一种偷换概念的行为。由于我们已经被美好表象催眠，听者已经被大量重复信息催眠了。如果说一遍、两遍，我们的左脑会通过评判机制将其抵挡在外，那么一个月、两个月甚至三年、五年，每天不断地循环灌输，再强大的评判机制也有被摧垮的一天。广告就是用这样的方法将顾客催眠的。一个有自控力的人，应该能区别哪些信息是有用的、哪些信息是有害的。

除了那些不断重复的信息容易让我们失去正确判断外，权威的催眠能力也不可忽视。美国心理学家曾做过一个实验：在某大学心理学系的学生们的一堂课上，向学生介绍一位从外校请来的德国教师，说这位教师是著名化学家。实验中这位"化学家"煞有介事拿出了一个装有蒸馏水的瓶子，说这是他新发现的一种化学物质，有些气味，请在座的学生闻到气味的举手，结果多数学生都举起了手。对于本来没有气味的蒸馏水，为什么多数学生都认为有气味而举手呢？

这是因为有一种普遍存在的社会心理现象——"权威效应"。人们对权威的崇拜和权威情结的迷恋，让他们对所谓的权威信服、听从。名人的成功带着人们所羡慕的光环，因此，名人在人们心目中已经成为一个羡慕、崇拜、想要模仿和接纳的榜样。名人的行为、语言甚至外在的装饰、声音、眼神都会被人们的潜意识接纳，达到催眠效果。

榜样的催眠力量在人类文明发展的过程中起到了相当重要的作用。他们的催眠效果，使后人不断传承他们所带来的美好东西，并且在传承的过程中挖掘深的层次、扩充新的内容、纠正现有的缺陷，加上时间的沉淀，使得我们的认识水平不断提高。

对于榜样的力量，哈佛大学一向运用得很好。迄今为止，哈佛大学先后诞生了 8 位美国总统、40 位诺贝尔奖获得者和 30 位普利策奖得主。这些榜样激励着一代又一代的哈佛学子，在求知的道路上扬鞭前进。

【反本能攻略】

舒适常常让我们迷失在前进的路上，信息太多也常常让我们陷入谎言的陷阱中。不管如何，面对生活中的困难，我们要迎难而上；面对真假难辨的消息，我们要仔细辨别；面对权威的声音，我们要懂得思考。

反本能：
怎样战胜人性的弱点和你的习以为常

越简单，越快乐

我们是否应该回头看一看现代人的生活？很多人都莫名其妙地忙碌着，被包围在混乱的杂事、杂务，尤其是杂念之中，一颗颗跳动的心被挤压成了有气无力的皮球，在坚硬的现实中疲软地滚动着。也许是因为在竞争的压力下我们丧失了内心的安全感，于是就产生了担心无事可做的恐惧，所以才急着找事做来安慰自己。这样在不知不觉中，我们已经陷入了一种恶性循环，离真正的快乐，甚至真正的生活越来越远。

在 20 世纪末，人类对自然的征服可谓达到了一个高峰，人们恨不得把地球上能开发的地方都开发出来以满足日益增长的消费需求。我们深深地被工业、电子、传媒、科技、城市等人工风景紧紧地包围着。信息的汹涌和浩大如大海，我们每一个人都在这海里沉浮着，在一层层海浪的推动下荡来荡去。也许我们并没失去什么，却感到凄惶。现代人已经很难找到宁静和从容，更难找到自己内心的真实。

很多时候，并不是我们在行动，而是大海的力量左右我们行动。但如果我们认识到自己的处境，从而奋力反抗，还有可能获得抵达遥远彼岸的渺茫希望。可怕的是，我们并没有充分认识到这一点，我们的心已被时代蒙住，看不到自我行动的艰难，而思想的虚弱顺理成章，又极易把被动错认成自由。

也许是我们真的太累了。在追逐生活的过程中，我们也应该尝试着放弃一些复杂的东西，还原生命的本源，让一切面孔都恢复简单。其实生活本身并不复杂，复杂的只有我们的内心。所以，要想恢复简单的生活，必须从心开始。

在现代社会中，越来越多的人拼命工作，只是为了职务的升迁，似乎只有权威才能带给他们快乐。也有些人原本不喜欢自己现在的工作，但为了追逐物质的丰裕不得不做着自己并不想做的事情。可结果名利都有了，却发现自己并不快乐，这到底是为什么？

事实上，快乐源于"简单生活"。物质财富只是外在的光环，无法救赎内心的空虚。真正的快乐来自发现内心真实的自我，保持心灵的宁静。名利是很虚的，我们并没有随着财富的增加而变得快乐。快乐和收入并没有直接的关系，除非在我们无法满足自己的温饱时。

快乐既可以是一瞬间的感觉，任由我们挥洒，却常常无法长久，如泡影般消散；快乐也可以是一种习惯，一种积极乐观的生活态度，无论怎样都是一天，无论怎样都是体验。因此，无论是富有的人还是收入微薄的工薪阶层，都可以生活得尽量悠闲、舒适，在"简单生活，追求快乐"这一点上人人平等。

那么不妨试试下面这些好的方法。

1. 从事少而精的工作

人们往往希望在越短的时间里完成越多的事情，整日忙碌不停，却忽视了"数量会影响质量"。太多的事情可能会让人无暇享受活动的过程，无暇享受生活而牺牲了快乐。所以，人们应当学会把生活简化，从事少而精的活动，全身心地投入其中，享受活动过程中的乐趣，才会更快乐。

往往最简单的事物带来的是最本能的快乐。如果现在你承担了太多的工作或职务，让你无暇去享受生活，那么不妨将你的工作按自己的兴趣和重要性进行排序，选出你最喜欢的、最重要的事情来做，舍掉部分繁杂的工作，你就能得到简单的快乐！

2. 要想快乐地生活，首先要有健康的体魄

如果每天都在疾病中度过，连忍受都很难，何谈快乐？此外，研究发现，在体育锻炼时，人的情绪更好，而且思维的敏捷度也更高，如果在心情不好的时候运动，还能够转移注意力，缓解不良的情绪，放松心情。

一些不爱运动的人往往性格更为内向和孤僻，不愿意与人打交道，产生不良情绪的时候也居多。因此，要想保持快乐的心情，一定要经常运动，比如每天散步半个小时、骑车去上班，这些简单的运动都能够使人感到快乐。

3. 拥有一项长久的兴趣

心理学家研究发现，当人们对某件事情感兴趣时，往往会不由自主地花更多的时间和精力在这件事情上，总是努力地去探索它、认识它，而这个过程中产生的往往是欣喜、快乐和满意等积极的情绪，即使废寝忘食也心甘情愿。

微软公司创始人比尔·盖茨曾说："每天清晨当我醒来的时候，都会为技术进步给人类生活带来的发展和改进而激动不已。"从这句话中，我们不难看出他的兴趣所在，以及这种兴趣带给他

的巨大快乐。而正是这样的快乐才带给他无尽的成功。

4.在活动过程中体验快乐

我们的生活中，也可能会有过这样的经历：当你投入做某件事情的时候，感觉时间会飞快地过去，一下午的时间一晃而过；而如果当我们觉得这件事很无聊，一点儿兴趣都没有的时候，一分钟却有一天那么久。

其实，时间是没有变的，变的只是我们的感受，当我们做自己感兴趣的事情时，舒畅、快乐自然不期而至，从而感觉时间过得飞快。

【反本能攻略】

在一些人看来，简单生活意味着辞去待遇优厚的工作，靠微薄的薪水过日子。其实这是对简单生活的误解，简单意味着悠闲，仅此而已。如果你愿意，你可以做自己喜欢的工作，重要的是不要让金钱给你带来焦虑。

放弃生活中的"第四个面包"

非洲草原上的狮子吃饱以后，即使羚羊从身边经过，也懒得抬一下眼皮；瑞士的奶牛也是一样，只要吃饱了肚子，它就会闲卧在阿尔卑斯山的斜坡上，一边享受温暖的阳光，一边慢条斯理地反刍。

有一位作家非常赞赏瑞士奶牛和非洲狮子的生存哲学。他说，假如你的饭量是三个面包，那么你为第四个面包所做的一切努力都是愚蠢的。

王立有一个做医生的朋友，几年前王立到一个宾馆去开会，一眼瞥见领班小姐，貌若天仙，便上前搭讪。领班莞尔一笑，用一种很不经意的口气说："先生，没看见你开车来哦！"他当即如五雷轰顶，大受刺激，从此立志加入有车族。后来朋友和王立在一起吃饭，几杯酒下肚之后，朋友告诉王立，准备把开了一年的"昌河"小面包卖掉，换一辆新款的"爱丽舍"。然后又问王立买车了没有。王立老老实实地回答，还没有，而且在看得见的将来也没有这种可能性。他同情地看着王立："唉！一个男人，这一辈子如果没有开过车，那实在是太不幸了。"

这顿饭让王立吃得很惶惑。因为按他目前的收入水平，买辆"爱丽舍"，他得不吃不喝地攒上好几年。更糟糕的是，若他有一天终于买上了汽车，也许在他还没有来得及品味"幸福"滋味的时候，一个有私人飞机的家伙对他说："作为一个男人，没开过飞机太不幸了！"那他这辈子还有救吗？

这个问题让王立坐立不安了很长时间。如何使自己免于堕入"不幸"的深渊，让他甚为苦恼。直到有一天，他无意中看到这样一段话：有菜篮子可提的女人最幸福。因为幸福其实渗透在我们生活中点点滴滴的细微之处，人生的滋味存在于诸如提篮买菜这样平平淡淡的经历之中。我们时时刻刻拥有，却无视它们的存在。

王立恍然大悟。原来他的朋友用一个逻辑陷阱蓄意误导他：没有汽车是不幸的。你没有汽车，所以你是不幸的。但这个大前提本身就是错误的，因为"汽车"与"幸福"并无必然的联系。

在一个成功人士云集的聚会上，王立激动地表达了自己内心对幸福生活的理解："不生病，不缺钱，做自己爱做的事。"会场上爆发了雷鸣般的掌声。

成功只是幸福的一个方面，而不是幸福的全部。人们对"成功"的追求是永无止境的，没完没了地追求来自外部世界的诱惑——大房子、豪车、昂贵服饰等，尽管可以在某些方面得到物质上的快乐和满足，但是这些东西最终带给我们的是患得患失的压力和令人疲惫不堪的混乱。

【反本能攻略】

两千多年前，苏格拉底站在熙熙攘攘的雅典集市上叹道："这儿有多少东西是我不需要的！"同样，在我们的生活中，也有很多看起来很重要的东西，其实，它们与我们的幸福并没有太大关系。我们对物质不能一味地排斥，毕竟精神生活是建立在物质生活之上的，但不能被物质约束。面对这个已经严重超载的世界，面对已被太多的欲求和不满压得喘不过气的生活，我们应当学会做生活的减法，把生活中不必要的繁杂除去，让自己过一种自由、快乐、轻松的生活。

自控的思想才是自由的思想

自控是一种很重要的意志表现，也是一种很重要的情商素质。在生活中我们可以发现，能镇定且平静地注视一个人的眼睛，甚至在极端恼怒的情况下，也不会有一丁点儿的脾气，这会让人产生一种无比强大的力量，而这种人往往也是某个领域的王者。

有一个经验老到的间谍，不幸被敌人抓获。在审讯的时候，这个间谍装聋作哑，什么也不说。任凭敌人怎样问他，他都不会为威胁、诱骗的话语所动。最后，审问的人故意和气地对他说："好吧，看起来我从你这里问不出任何东西，你可以走了。"

这个有经验的间谍是怎样做的？他会立刻带着微笑，转身走开吗？不会的！没有经验的间谍才会那样做，要是他真的这样做，他的自控力是不够的，这样的人谈不上有经验。有经验的间谍会依旧毫无知觉似的呆立着不动，仿佛他对于那个审问者的命令，完全不曾听懂，这样他就胜利了。

原来，敌人原是想在他自由的地方，来观察他的聋哑是否是真实的。一个人在获得自由的时候，常常会止不住心灵上的动静。但那个间谍听了依然毫无动静，仿佛审问还在进行，这不得不使审问者相信他了，只好说："这个人如果不是聋哑人，那一定是个疯子了！放他出去吧！"

就这样，这个间谍以他特有的自控力，捡回了一条命。我们

从上面的小故事也可以看出，生活中有很多时候、很多事情，只有具备超强的自控力才能实现你的目标。

苏格兰人唐纳德·麦克瑞在乡下开了一家小小的杂货店，储存了各种货物，平时他的小店窗户灰暗，布满蜘蛛网，生意不太好。他向伦敦订了40磅靛青，这就足以让他卖上几年的了。结果，他的订单在客户那里被写错了，变成了40吨靛青。因为客户得知唐纳德信誉很好，于是就发了40吨靛青给他。

面对40吨的靛青，唐纳德惊呆了。整整一个星期，他头昏脑涨地走来走去，一直在四处询问该怎么办。他想尽了靛青可能有的用法。但是，老天啊，有40吨之多啊！

反本能：
怎样战胜人性的弱点和你的习以为常

有一天，一位衣着整洁的推销员坐着两匹马拉的大马车从伦敦来到乡下，找到了唐纳德，然后对他说，伦敦的公司知道他们自己犯了个错误，他就是被派来处理此事的，他们可以运回已经发出的靛青，并且将付给唐纳德运费。唐纳德心想："公司如果没有什么益处的话，是不会特地派个人来专门处理此事的。"于是，唐纳德坚持说，并没有弄错。

这个推销员又说："那我们去找个小酒店，边喝边谈吧。"唐纳德控制住了他对美酒的喜爱，心想必须保持头脑的清醒，没有答应。那个推销员用了各种各样的方法，试图与唐纳德谈谈，但是唐纳德都避开了，还对那人说："你如果以为苏格兰人不知道自己在做什么的话，那可就大错特错了。"

情急之下，推销员说出了真相："事实上，我们得到了一个大得多的靛青订单，我们的现货不够，为此，我们可以给你500英镑的现金换回发给你的靛青，另外运费由我们承担。"唐纳德摇头，他想看看对方的底线到底是多少。推销员提出的另一个价钱也被唐纳德拒绝了。最后这个推销员把公司给他的指令和盘托出，说："喂，你这顽固的老头儿，5000英镑，我最多能给这个价。"唐纳德平静地接受了。

原来，当地政府的军队需要蓝色颜料来染军服，因此迫切需要大量的靛青。唐纳德·麦克瑞因为非凡的自控力而发了一笔财。

自控力强的人能理智地控制自己的欲望，分清轻重缓急，然后再去满足那些社会要求和个人身心发展所必需的欲望，对不正当的欲望则坚决予以抛弃。尽管他必须受控于他人的思想，无法遵从自己的初始欲望，但是在满足他人需求的同时，自己的最终欲望也得到了满足。为了获得真正的自由，必须尽力约束自己。

哈佛就有那么一些自控力非常强的学生和教授。在哈佛，你看不到穿着漂亮衣服的人，看不见化妆的女人，也看不见懒懒散散走路的人。大家都在控制自己不受到外界的诱惑，把全部的心思用到学习和研究上。

自控力强的人处在危险和紧张状态时，不会轻易被激情和冲动所支配，不意气用事，能够保持镇定，控制内心的恐惧和紧张，做到临危不惧、有条理而不慌乱，最后成就大事，由自控获得了极大的自由。你或许会有这样的体会：当沸腾的血液在你狂热的大脑中奔涌时，控制自己的思想和言语是多么困难。但你要清楚，让自己成为情绪的奴隶是多么危险和可悲。这不仅对工作与事业来说是很危险的，甚至还会对一个人的名誉和声望产生非常不利的影响。

【反本能攻略】

如果你在学习时忍不住想看电视，马上警告自己，管住自己；当遇到困难想退缩时，不妨马上警告自己别懦弱。这样往往会唤起你的自尊，战胜怯懦，成功地控制自己。你必须自始至终、勇敢地对抗自己的欲望，坚决不去想它们，从而战胜欲望。

第二章

反本能之时间管理

——为何事情那么多，却总是想拖延

遵循"要事"第一原则

现在流行一种很有效的做事方法：80/20 法则。即任何工作，如果按价值顺序排列，那么总价值的 80% 往往源于 20% 的项目。

简单地说，就是如果我们把所有必须做的事情，按重要程度分为 10 项的话，那么只要把其中最重要的 2 项干好，其余的 8 项工作也就自然能比较顺利地完成了。

当你开始为下周生活做安排时，第一步应探讨你整个生命中最需要办的关键的事情是什么，你的人生意义何在。要想得到答案，你必须先对下面的问题有明确的期许：

第一，什么是最重要的事？

第二，你的人生意义何在？

第三，你希望成就什么或完成什么？

青少年在未来的成长道路上，必须知道什么事是你必须去做的，什么事是会浪费你的精力的。这样你的重点思维才会得到锻炼，你的人生才会因此与众不同。

随着年龄的增长和视野的开阔，我们在日常的学习和工作中会面临越来越多的问题，每天也都会面对许多需要做的事情，甚至还会出现一些意料之外的事情让我们措手不及。置身于其中，我们有时真的会感到眼花缭乱，但这些事情又都与我们有关，都必须去处理。

于是，有的人会因此慌了手脚，对所有问题都不分轻重地揽过来，只顾不停地做事，却少有梳理头绪的方法，最后，不但没处理好事情，还使自己产生了厌倦情绪。

而真正有智慧的人则不论自己处于多么复杂的环境中，都会停下来审视一番，利用重点思维，把事情分为轻重缓急，先把那些最重要、最紧急的事情做了，再做那些不重要、不紧急的事情，甚至放弃那些没有意义的事情，这样既节省了时间，又有效地提高了处理事情的效率。

因此，我们在做事的时候，一定要先弄清什么事才是最重要的——这个方法适用于任何一个现代人，尤其是正在逐步接触这个纷繁复杂的世界、学习工作都很繁忙的朋友们。

【反本能攻略】

你无法掌控在预计要做的事情之外出现意外的邀约，你无法掌控期盼已久的户外活动开始时接到紧急工作……但是，有一件事情是我们可以自己控制的，那就是你可以做出选择！你可以在考虑到大局的前提下，选择一个正确的方向。

用计划掌控生活的步伐

一群意气风发的大学生毕业了。他们即将走上社会，开始他们新的人生。在临出校门之前，学校对这群智力、学历和环境条件都差不多的毕业生进行了一次关于职业生涯和学习计划的调查。结果是：27% 的毕业生没有规划和计划；60% 的毕业生设想模糊；10% 的毕业生有清晰但比较短期的计划；3% 的毕业生有清晰而长远的计划。

25 年后，学校再次对这些学生进行了跟踪调查，发现：那 3% 的人成为社会成功者，其中不乏社会精英和行业领袖；10% 的人，由于短期目标的不断实现，成为各个领域的专业人士，生活在社会的中上层；60% 的人生活安稳，没有什么特别的成就；剩下 27% 的人，生活没有目标，过得很不如意。

其实，很多人对未来的方向都有明确性和不明确性。不明确性是什么呢？为什么又会产生这种不明确性呢？我们总是想要将自己的未来掌控在手中，但是，我们要将自己的未来之路明朗化，又会遇到什么难题呢？

很多时候，我们对于自己的未来都是茫然的，我们会错过很多东西，正是因为我们对未来的不明确。现在的世界，你很难研究到未来的变化和走向，未来似乎显得尤为黑暗，所以，我们不得不展开自己的计划，用来掌控生活的步伐。

很多事情的产生、发展、解决，都是围绕我们的意志形成的，不是上帝给你的启示，更不要以宿命论为借口。这样，你的未来才能够产生强烈的明确性。很多人之所以成功，是因为他们有所想并有所实施。他们思考出了明确的计划，然后配合自己的步伐将计划完成，并克服这个过程中的重重困难。

你需要怎样的计划？或许是一天的，或许是一个月的，或许是一年的，或许是五年的，或许是十年的……都需要由你自己来操控。

在德国，人们做事前必先制订计划，就是家庭主妇外出购物也都是先列张购物单。如一对夫妇打算出国旅游，那么他们可能早在一年前就开始制订旅游计划了。

许多人之所以对计划不以为然，因为他们错误地认为，通常情况下，计划不如变化快，做出来的计划会因种种原因而暂停、变更或废止，致使计划形同虚设。所以，就没有做计划或按计划做事情的习惯，导致在工作中应急处理成了常态，经常陷于盲目的困惑之中。

在我们的工作中有很多变动情况，但是，如果因此放弃了计划，就会延误本来可以在确定的时间完成的事情。如果工作纯粹不做计划，每一件事情都可能被延误。显然，没有计划的工作，是低效而混乱的。

《如何掌控自己的时间与生活》一书的作者拉金说过："一个人做事缺乏计划，就等于计划着失败。有些人每天早上制订好一天的工作计划，然后照此实行。他们就是有效地利用时间的人。而那些平时毫无计划，遇事现打主意过日子的人，只有'混乱'二字。"一个人要提高自己做事的目的性，忙于要事，就要养成善于规划的好习惯。

没有一个明确可行的做事计划，必然浪费时间，要想高效率地做事就更不可能了。试想，如果一个搞文字工作的人资料乱放，就是找个材料都会花去半天时间，那么他的工作是没有效率可言的。

做事的有序性，体现在对时间的支配上，首先要有明确的目的性，很多成功人士都指出，如果能把自己的工作任务清楚地写下来，并很好地进行了自我管理，就会使得工作条理化，从而使得个人能力得到很大提高。

只有明确自己要做的事情是什么，才能认清自己和事情之间的全貌，从全局着眼观察整个任务，防止每天陷于杂乱的事务之中。明确的办事目的将使你正确地掂量各个阶段之间的不同侧重点，弄清事情的主要目标在哪里，防止不分轻重缓急，耗费时间，又办不好事情。

另外，明确自己的责任与权限范围，还有助于避免自己与别人在共同处理问题时的互相扯皮和打乱仗现象。

填写清单是一种明确做事目标的好方法。无论是工作上的细条还是生活上的琐事，都可以用清单来帮忙计划。

首先，你可以找出一张纸，毫无遗漏地写出你所需要完成的事情。凡是自己必须干的事，且不管它的重要性和顺序怎样，一项也不漏地逐项排列起来，然后按这些事情的重要程度重新列表。重新列表时，你要问自己：如果我只能干此表当中的一件事情，首先应该干哪一项呢？

然后再问自己：接着该干什么呢？用这种方式一直问到最后一项。这样自然就按着重要性的顺序列出自己的工作一览表，其后，对你要做的每一件事情应该怎么做，并根据以往的经验，在完成一件事情之后总结出你认为最合理、有效的方法。比如，你出门购物的时候，清单就是一个很好的选择，它可以帮助你节约时间和规划财物，是一种"工欲善其事必先利其器"的生活智慧。

【反本能攻略】

没有实际有效的计划，即使是最聪明的人也无法成功致富或做成其他任何事情。当计划遭遇失败时，要记住这仅仅意味着你的计划还不够完善。再拟另外的计划，重新来过。正是在这个意义上，拿破仑·希尔才说："你的成就绝对不可能大于你完善的计划。"

量化、细化每天的工作

有人说，一家企业应该有两本书：一是红皮书，称为战略；二是蓝皮书，即战术，就是标准作业程序。战略是作战指导纲领、框架，可以大而全、高而玄，可是战术的每一个流程、支撑、动作，都是一个细节，都需要系统化和程序化。

其实，不仅仅是企业，作为个体的人，也需要两本书：一本制定自己的目标；另一本制订实现目标的计划。哈佛大学的学生就很擅长量化自己的学习任务。因为对于他们来说，繁重的学业如果不细化到每一天，将是一件难以完成的事情。

麦当劳将厨师洗手这项工作程序化，以确保食品的安全和卫生。首先对洗手的时间做出了明确的规定：

1. 使用或清洁卫生间之后。

2. 进入厨房和接触食品前。

3. 休息后。

4. 在清空垃圾箱或接触垃圾之后。

5. 进行餐厅清洁工作后。

6. 在做了不卫生的动作之后，例如摸鼻子或头发。

7. 在接触染有病菌的表面或物体后，例如门把手。

8. 和他人握手之后。

9.在接触生的冷冻牛肉饼或生鸡蛋之后，在接触面包或汉堡以前。

接着，麦当劳对洗手的步骤、顺序也做出了明确的规定：

1.用清水打湿双手。

2.在手部涂麦当劳特制杀菌洗手液。

3.双手揉搓至少20秒钟，清洗手指之间、指甲四周、手臂直至手肘部位。

4.用清水将上述部位彻底冲洗干净。

5.用烘手机烘干双手。

所有麦当劳餐厅都安装了定时洗手系统，以达到洗手标准。这一系统能促进所有员工按时洗手，每小时至少1次。这样可降低由双手带来的潜在的食品污染，从而保证食品的卫生，并且确保执行到位。

执行系统化和程序化告诉我们先做什么，后做什么，"有章可循，有条不紊"。这样看上去有些死板，但对于执行是很有效的。而且，无论事情的大小，只有以认真的态度、规范的方法去研究它、做好它，把它形成系统，才有可能做出成就来。

企业都将程序化作为强化操作的一个重要手段。优秀的执行者往往都有一个共同的体会，就是有计划永远比没计划好，切实可行的计划永远比不切实际的计划好。因为这样可以使他们的工作系统化。

量化目标对于执行到位是非常重要的，根据所处形势与自身实际，把具体目标量化，将一个大的目标分解成数个小目标，明确到每个人身上。这样，就具有了可操作性，越容易执行到位。

《海尔的故事与哲理》一书中有一个著名案例——"妙用'资源存折'"。它通过将目标分解，落实到每一个岗位、每一个人，达到资源节约的目的。

在海尔集团事业部信息塑胶分厂喷涂车间，喷漆工刘忠计的工位上挂着一张每天都要更新数据的"资源存折"，上面的数据显示：

2002年12月29日，他给25英寸电视机前壳喷漆时，油漆的"额定用量"是11.87千克，而他的"实际用量"却是11.96千克，折合成金额，亏损6.75元，按10%兑现，当天他欠企业0.675元。

2003年1月5日，油漆的"额定用量"是18.78千克，而他的"实际用量"是13.91千克，到当年已经累计挣到了45.55元。

原来，这个"资源存折"和"银行存折"是一个道理，也有"贷方"和"借方"。贷方是企业，上面记录着企业按操作标准应该为员工提供多少资源；借方是员工，上面记录着员工在实际工作中使用了企业多少资源。借贷相抵得出的数，便是这个员工收入的盈亏数。

量化工作，将工作目标分解成各个小目标，在执行过程中方便执行者逐个击破，逼近最终目标。在落实工作任务，尤其是落实复杂艰巨工作任务的过程中，掌握这种方法可以让执行更具可操作性，进而有益于工作任务的有效落实。

对目标进行细分使其更具有可执行性，同时把共同目标和实际执行有效地衔接起来。对目标的分解就是把共同目标分解为企业目标、部门目标和员工目标，体现了目标的层级关系，使目标有系统、有层次，让执行更具"可操作性"。

具有可操作性是量化工作的一个重要目的。将工作目标分解是达成目的的一个方面，还有一个重要的方面，就是将目标细化，具体到执行的过程。特别是在一些规章制度方面，简单的管理规章一般强调达成的总体目标要求，这固然是所有企业一直在追求的，但是如果是一看就比较明了的内容，对于员工来说，缺乏可操作性。

【反本能攻略】

要达成目标，有个完美的结果，那么对于执行的每个步骤、环节和细节就必须确立执行的流程规范，并通过流程规范来协调关系，规范执行。

睡前制订一份第二天的工作清单

你可能为了养家糊口选择在离家很远的地方工作，但这些工作却与家庭工作有着密切的联系，所以你应该把这两种工作联系起来管理。

对某些人来说，为每周工作做好计划安排是有好处的。当周一来临时，你就得为本周需要完成的工作做计划了。在这一周内，特殊日子与特殊时间的工作应该灵活配置。如果是科室工作，那你就必须完成一张包含五个项目的时间表（这五个项目是你必须完成的）。如果这些工作十分重要，制定的项目数量最好以五样为限。因为当你发觉这些工作的完成会花掉你所有的时间时，你就会感到身心疲惫，力不从心。同样，那些你原本计划的工作不能如期完成，你的目标就没有意义。合理的时间安排要以可行为基础。

在早餐时间对所做的时间表进行核对，重点检查当天需要完成的所有任务，花几分钟时间为它们排好优先次序，同时列出时间安排。第一步要检查的是当天是否为自己留出了时间——空余的时间。

【反本能攻略】

无论在什么情况下，你都需要制订出一张清单作为你每天工作的"提醒者"。最好在你睡觉前做好第二天的日程安排，把它作为你的一项工作来完成，以便在第二天早晨你就能够对它进行检查和修改。

把时间都用在正确的地方

国外某研究机构对个人成功因素做了一个纵向调查，试图找出一些影响人们成功的因素。他们研究的因素有教育、智力、家庭、社会背景等，他们发现很多富家子弟很不成功，而很多出身贫寒的人反而很成功。

经过反复研究，他们认为最重要的一个因素是"时间透视力"。

时间透视力是指当你计划每天的事情和活动的时候，你所能考虑的时间长短。具备超前思维、时间透视长的人毫无例外地能够使自己做的每一件事情都成为长远目标的一个部分，平均而言，专业人士的时间透视力可以达到10年、15年甚至20年。缺乏超前思维的人，就是典型的时间短视，他们只关注短期的快乐和享受。

我们在日常工作、生活中经常会有这样的感觉：虽然我们的方向无误，目标正确，工作也很努力，每天忙得团团转，可就是复命的时候没有什么明显的效果。相反，有些人每天不慌不忙，如同闲庭信步，却卓有成效，总有事半功倍之效。除去运气等不可控制的因素外，其差别就在于他们把时间都用在了正确的地方。

"二战"结束后不久，欧洲盟军总司令艾森豪威尔出任哥伦比亚大学校长。副校长安排他听有关部门汇报，考虑到系主任一级人员太多，只安排会见各学院的院长及相关学科的联合部主任，每天见两三位，每位谈半个钟头。

在听了十几位先生的汇报后，艾森豪威尔把副校长找来，不耐烦地问他总共要听多少人的汇报，副校长回答说共有63位。艾森豪威尔大惊："天啊，太多了！先生，你知道我从前做盟军总司令，那是人类有史以来最庞大的一支军队，而我只需接见三位直接指挥的将军，他们的手下我完全不用过问，更不需接见。想不到，做一个大学的校长，竟要接见63位主要的负责人。他们谈的，我大部分不懂，但又不能不细心地听他们说下去，这实在是浪费了他们宝贵的时间，对学校也没有好处。你制订的那张日程表，是不是可以取消了呢？"

艾森豪威尔后来当选美国总统。有一次，他正在打高尔夫球，白宫送来急件要他批示，总统助理事先拟定了"赞成"与"否定"两个批示，只待他挑一个签名即可。谁知艾森豪威尔一时不能决定，便在两个批示后各签了个名，说道："请狄克（即副总统尼克松）帮我批一个吧。"然后，若无其事地去打球了。

工作效率最高的人是那些对无足轻重的事情无动于衷，却对那些较重要的事情无法无动于衷的人。一个人如果过于努力想把所有事情都做好，他就不会把最重要的事做好。

不同的行业、不同的工作岗位，会有不同的规律和要求，如何去做，要自己不断地摸索总结。但对每个工作的人来说，都必须清楚：我们每天的目标是什么？在我们每天必做的事情当中，哪些是能给我们带来最大效益的？

工作需要章法，不能眉毛胡子一把抓，要分轻重缓急，这样做事才有节奏、有条理，避免拖延。工作的一个基本原则是，要把最重要的事情放在第一位。

你在平时的工作中，把大部分的时间花在哪类事情上？如果你长期把大量时间花在重要而且紧迫的事情上，可以想象你每天

反本能：
怎样战胜人性的弱点和你的习以为常

的忙乱程度，一个又一个问题会像海浪一样向你冲来。你十分被动地一一解决。长此以往，你总有一天会被击倒、压垮，老板再也不敢把重要的任务交付给你。

【反本能攻略】

只有重要而不紧迫的事才是需要花大量时间去做的事。它虽然不紧急，但决定了我们的工作业绩。只有养成先做最重要的事的习惯，对最具价值的工作投入充分的时间，工作中的重要的事才不会被无限期地拖延。这样，工作对你来说就不会是一场无止境、永远也赢不了的赛跑，而是可以带来丰厚收益的活动。

拖延：阻碍成功的最大顽疾

在我们周围，有这样一种人，工作开始时总是满腔热情，给自己定下远大的目标，决心晚上6点开始努力工作，但身边有太多的事情使他找到了各种各样拖延工作的借口。结果可想而知，直到深夜他才发现自己一事无成。

晚上6点一到，他就开始坐在书桌前，而且认真地安排了一整晚的工作，但等到一切都安排到位时，他的工作计划就被全盘打乱了。首先，早上还没有看过报纸的想法成了他拖延工作的第一个理由，他离开书桌，打开报纸看了起来。这时他又猛然发现报纸上的内容远比他想象的精彩，所以他不忘把娱乐版也浏览了一遍。8点到8点半有一档不错的电视节目，他又意识到这是一个放松身心的好机会，于是他便不由自主地打开了电视，原来这档节目7点钟就开始了，于是他想，"我毕竟已经忙了一天，还好节目才开始不久，无论如何我也该放松放松了，这将有助于我明天更有效地工作"，这样又过去了45分钟，他再次回到了书桌旁，毕竟工作还是要做的。

开始时他还能静下心来工作，但没过多久，要给朋友打电话的念头和看报纸的想法一样又闪进了他的脑海，他又给自己找了一个最佳的理由，就是只有等打完了这通电话才能安下心来好好工作。他是这么想的，也就这么做了。当然，打电话比工作有趣多了，但他放下电话重回书桌的那一刻已经是晚上8点半了。

在整个过程中，我们可以清楚地看到，这个自己定下远大目标又急于完成工作的人仅仅在书桌前逗留了一小会儿，这真是一种悲哀！其实他已经意识到周围的干扰因素，但是这种干扰因素诱惑着他，使他无法自拔。对这些因素的渴望会随着渴望本身的无法满足而变得更加强烈。他越是想看报纸，就越想压制自己的这种渴望，所以看报纸的渴望就变得更加强烈了。于是，他放下手头的工作，找各种理由来抑制自己的渴望就成了他唯一的解决问题的方法了。

最后他第三次回到书桌旁，并下定决心不再受干扰，一定要好好工作。但这时的他已经精神疲劳，昏昏欲睡了，注意力无法集中的他早已看不进任何东西了。结果他又看了一档节目，最终倒在电视机前睡着了。

被别人叫醒后，他睁开眼睛，觉得也就这么一回事。毕竟他也休息了，也读了报、看了电视，又和朋友聊了天儿，一切都那么顺理成章，他想或许明天晚上他还能够……

如果你诚恳的话，你就不得不承认上述故事中的主人公多多少少有你的影子，你对这个故事恐怕也不会陌生吧？人都是有惰性的，总想着把闲事先做完再办正事，但往往心有余而力不足，在做完所有闲事后你已经没有力气再工作了。这是一个坏习惯，但遗憾的是，这个坏习惯普遍地存在于大多数人的生活中。

正如一句话所说的一样："坏习惯就躺在温床上，上去容易，下来难。"其实仔细想一下，一天中你所厌烦的工作不可能总是很多的，主要是因为你厌恶这项工作，对此没兴趣，所以注意力自然而然地会被周围事物所吸引，工作时间才会延长。所以说并不是做厌烦的工作要花费很长的时间，而是你拖拖拉拉地把这段时间拉长了。

【反本能攻略】

要制定有效的时间掌控方法，第一步就是要杜绝拖延，要找出自己的弱点——干扰自己的外界因素，把它们统统列出来并时刻提醒自己不要被这些东西拖延了。

发挥主动，不为拖延找借口

在务实中，我们要遵循的一个原则是：及时行动，绝不拖延。我们每天都有要做的事，所以应尽力做到"今日事，今日毕"，千万不要拖到明天。每个人的一生中总有许多美好的憧憬、远大的理想、切实的计划。假使我们能够抓住所有憧憬，实现所有理想，执行每一项计划，那我们事业上的成就、我们的生命真不知有多么伟大！然而我们总是有憧憬而不能抓住，有理想而不能实现，有计划而不去执行，终致坐视这些憧憬、理想、计划——破灭和消逝！所有这一切的罪魁祸首都是拖延。

拖延工作是一味慢性毒药，它在不知不觉中会令人们对时间的流逝感到麻木，等到发现属于自己的"时日"不多之际，这味毒药已经浸入了我们的骨子里，毒性已经扩散到全身，过去的一切都已无法挽回，原本可以得到的一切也如东去之水永不回头。对待工作必须要积极热情，必须立刻付诸行动，不浪费一分一秒的时间，今天应该完成的事情绝不要拖到明天。

我们的一生中从不缺乏机会，缺乏的是看准时机、刻不容缓地抓住机会。"命运无常，良缘难续！"如果当时不把它抓住，就永远失去了。

"明日复明日，明日何其多"，在这种拖延中所耗去的时间、精力也足以将那件事做好。处理以前积累下来的事情，每个人都不会感到愉快，而是会感到厌烦。本来当初花很少时间就可以很容易做好的事，拖延了几天、几星期之后，就变得困难了。

在工作中，我们应该将自己的全部身心都投入其中。如果连最基本的工作都无法投入全部精力，那还谈什么伟大的成就和宏伟目标的实现。如果我们不能将自己的积极性、主动性以及全部热情和努力都投入工作当中，那么这样的工作就如同缺少灵魂的行尸走肉一般没有生气，而作为工作的主体，我们最终会失去工作的主动权和蕴藏在工作当中的一切成功机会。

【反本能攻略】

拖延工作就等于浪费生命，这并非耸人听闻。想一想工作在我们生命中占据的时间和地位，在我们的一生当中还有什么能够像工作一样占据着我们既富于精力又潜力无穷、既充满朝气又不失成熟的时期，还有什么能够像工作一样既给予我们成就感，又为我们创造无数次的成功机会。除了工作，再没有任何事情能够对我们具有如此重要的意义，所以我们没有任何理由拖延工作及消极地对待工作。

活用你的零碎时间

发明家、科学家本杰明·富兰克林有一次接到一个年轻人的求教电话，并与他约好了见面的时间和地点。当年轻人如约而至时，本杰明的房门大敞着，而眼前的房间却乱七八糟、一片狼藉，年轻人很是意外。

没等他开口，本杰明就招呼道："你看我这房间，太不整洁了，请你在门外等候一分钟，我收拾一下，你再进来吧。"然后本杰明就轻轻地关上了房门。

不到一分钟的时间，本杰明就又打开了房门，热情地把年轻人请进客厅。这时，年轻人的眼前展现出另一番景象——房间内的一切已变得井然有序，而且有两杯倒好的红酒，在淡淡的香气里漾着微波。

年轻人在诧异中，还没有把满腹的有关人生和事业的疑难问题向本杰明讲出来，本杰明就非常客气地说道："干杯！你可以走了。"

手握酒杯的年轻人一下子愣住了，带着一丝尴尬和遗憾说："我还没向您请教呢……"

"这些……难道还不够吗？"本杰明一边微笑一边扫视着自己的房间说，"你进来已有一分钟了。"

"一分钟……"年轻人若有所思地说，"我懂了，您让我明白用一分钟的时间可以做许多事情，可以改变许多事情的深刻道理。"

我们总是觉得时间不够，仿佛在眼前还很清楚的"今天"瞬间就成为"昨天"，时间太快了，而我们想要做的事情又太多了，所以，我们没办法完成自己想做的所有的事情！

但是，事实真的如此吗？我们真的只能在与时间的竞争中落后，并叹着气"上帝啊！看来我只能这样了"吗？同样生活在世

反本能：
怎样战胜人性的弱点和你的习以为常

界上 60 岁的人，他们完成的事情和效率肯定会有不同，或许有的能够完成 80% 的愿望，或许有的只能完成 20%，那么，到底是什么造成了这样的不同呢？是智力不行？是能力不够？是环境不好？或许这些都是理由，但是，还有一点，不知道是否有人发现——你的生活里存在着大量的时间间隙，也就是我们常说的"零碎"的时间——等车的时候，刷牙的时候，喝下午茶喝咖啡的时候……

我们拥有大量的时间，或许，只是我们没有发现而已。

美国近代诗人、小说家和出色的钢琴家艾里斯顿善于利用零散时间的方法和体会值得借鉴。

爱德华是艾里斯顿的钢琴教师。有一天，他给艾里斯顿教课的时候，忽然问他：你每天要练习多长时间钢琴？艾里斯顿说每天三四个小时。

"不，不要这样！"他说，"你将来长大以后，每天不会有长时间的空闲的。你可以养成习惯，一有空闲就几分钟几分钟地练习。比如在你上学以前，或在午饭以后，或在工作的休息余闲，五分钟、五分钟地去练习。把小的练习时间分散在一天里面，这样弹钢琴就成了你日常生活中的一部分了。"

当艾里斯顿在哥伦比亚大学教书的时候，想兼职从事创作。可是上课、看卷子、开会等事情把他白天、晚上的时间完全占完了。差不多有两个年头他不曾动笔，他的借口是没有时间。后来才想起了爱德华先生告诉他的话。到了下一个星期，他就把他的话实践起来。只要有五分钟左右的空闲时间他就坐下来写作一百字或短短的几行。

出人意料，在那个星期的终了，他竟积有相当的稿子准备做修改。后来他用同样积少成多的方法，创作长篇小说。教学工作虽一天一天繁重，但是每天仍有许多可以利用的短短余闲。他同时还练习钢琴，发现每天小小的间歇时间，足够从事创作与弹琴两项工作。

艾里斯顿的经历告诉我们，生活中有很多零散的时间是大可利用的，如果你能化零为整，那你的工作和生活将会更加轻松。

【反本能攻略】

养成挤时间的良好习惯，对于学习是非常重要的。那么你如何在快速的生活节奏和繁忙的工作中挤出时间呢？那就要提高时间的利用率，学会化零为整，善于把时间的"边角余料"拼凑起来，加以利用。

反本能：
怎样战胜人性的弱点和你的习以为常

第三章

反本能之情绪驾驭

——你经常需要为你的不理性『买单』吗

及时反馈自己的懈怠情绪

　　心理学家认为，在导致心理空虚的诸多原因中，倦怠是非常普遍的一个，虽然这两个字或许听起来离生活较远。不妨想这样一个问题：如果此时想去办一张健身卡，我们会选择哪种呢？健身房中一般都会为会员提供这样三种类型的健身卡：第一种，年卡。这种方式的费用一般看起来比较便宜，例如，一年1000元；第二种，月卡。这种方式十二个月加起来会比年卡贵一些，比如，每月200元；第三种，按次数计算，通常是10次一结算。例如，每次20元，这样10次就是200元了。

　　经过衡量各种卡的费用情况，又经过苦苦计算，最后，我们可能会和大多数人一样，选择办理年卡。如果我们真的这样选择了，那么，就意味着我们和其他人一样，为健身房"捐款"了。为什么这样说呢？我们总是过分地相信自己能够经常去锻炼身体，但实际上根本无法做到，也许只是开始会坚持，可逐渐就会变成"三天打鱼，两天晒网"了。这就是一种由内心倦怠所导致的外在表现。有专家做过类似的统计，选择按月结算的会员有

80%左右都觉得不如按次数计算来得划算。

我们大多数人都会对自己感觉过于良好，总是认为自己是勤劳的、有计划的，可实际上却恰好相反，我们总是会被倦怠情绪所拖累。正如去健身房这件事，我们会认为自己有足够的时间和精力去锻炼身体，可时间久了，我们的行为就会被这种倦怠情绪影响。例如，我们会为自己找理由，"下雨了，健身房离家很远，今天就不去了""今天工作很累，不去了""明天有早会要开，今天要早早休息"……理由总是多种多样，可也只有我们自己才知道，真的是无法避免的理由还是为倦怠情绪找的一个借口。

我们清楚地知道哪些事情必须做、哪些事情需要做，自己早在心里就定好了等级。但实际上，我们也不会投入百分之百的精力去做那些必须做的事，也许只是投入了一半的努力；而对待那些需要做的事情，分配的精力就更少了。人们明明知道自己有责任去做某些事，却总会被倦怠的情绪影响而"缴械投降"，这样做是为了满足深受压力的内心还是给自己制造一种毫无意义的空虚感，就不得而知了。

其实想解决这种因倦怠情绪带来的空虚感很简单，及时反馈就好了。反馈，是指发出的事物返回发出的起始点并产生影响。正如我们打电话听到的铃声一样，如果是持续的"嘟、嘟……"那我们马上会知道，对方不在家或是不想接电话。反馈可以强有力地影响我们的行为，而在我们极度自信的时候，反馈的力度却是最小的。正如与去健身房这件事一样，我们没有去的时候，健身房根本不会打来电话或是发短信提醒：今天为什么没去健身啊？这时，反馈的信号是微弱的。而当反馈信号很微弱的时候，我们就把健身这件事给忽略掉了。

我们做事之前，可以先给自己一个提醒的信号，例如产生倦怠情绪时，写张字条贴在能看见的地方。比如去健身房这件事，如果今天没去，而且毫无理由，我们可以在一张纸上面写很大的警告，然后贴在容易看见的地方，时刻提醒自己，这样的一种警告，可以让我们随时了解自己在什么时候产生了这种倦怠情绪，而不是把没有健身的原因归结于自己找的借口上。

倦怠情绪的确让我们少做了许多事，也得到很大的"满足感"。实际上，这种"满足感"只是我们自己认定的，可以说它是一种暂时的舒适。当这种暂时的舒适极度扩大，人们在这种舒适中感到无所事事的时候，生活会不会被另一种"空虚感"忽然逆转呢？那么，就像贴字条提醒自己一样，给自己的行为一个及时而准确的反馈信号吧，这样我们才会让每一天的生活都过得充实。

【反本能攻略】

想一下自己近期的计划，如健身、去补习班等。记录下自己是不是每次都去，而没有去的理由是什么？是因为真的有事，还是因为懒惰而为自己找的借口？如果是后者，那么给自己设置一个反馈信号，可以把这种警告贴在门上，开关门时都看得清清楚楚，这样做可以时刻提醒自己：要过充实的人生。

反本能：
怎样战胜人性的弱点和你的习以为常

会控制情绪是高情商的体现

一个成功的人必定是有良好自我控制能力的人，控制自我不是说不发泄情绪，也不是不发脾气，过度压抑会适得其反。良好的控制自我就是不要凡事都情绪化，任由情绪发展，而是要适度控制，这是一种能力的体现。

20 世纪 60 年代早期的美国，有一位很有才华、曾经做过大学校长的人竞选美国中西部某州的议会议员。此人资历很高，又精明能干、博学多才，非常有希望赢得选举的胜利，而且他的威望也很高。

就在他竞选过程中，一个很小的谎言散布开来：3 年前，在该州首府举行的一次教育大会上，他跟一位年轻的女教师有那么一点暧昧的行为。这其实是一个弥天大谎，而这位候选人不能很好地控制自己的情绪，他对此感到非常愤怒，并极力想要为自己辩解。

就在这个时候，他的妻子对他说："既然这是一个谎言，那为什么还要为自己辩护呢？你越辩护，越说明这件事是真的，与其让其他人看笑话，不如我们不把它当回事。"

果然，他把这件事当成小事，当有记者问他时，他说："这是一个误会，是一个谎言，时间会证明一切。"虽然只是简短的几句话，但是他赢得了更多人的支持。最后他竞选成功。

在关键时刻，故事的主人公能控制自己的情绪，控制了自我，这是能力的体现，他是一个情商高手。他没有因为别人的误解而发怒，而是转换角度，从容面对，所以他成功了。

其实，人的情绪表现会受众多因素的影响，例如，他人的言语、突发事件、个人成败、环境氛围、天气情况、身体状况，等等。这些因素按照来源可以分为外部因素（刺激）和内部因素（看法、认识）。两种因素共同决定了人的情绪表现和行为特征，其中个人的观点、看法和认识等内部因素直接决定人的情绪表现，而个人成败、秽言恶语等外部因素则通过影响情绪内因而间接影响人的情绪表现。

传说中有一个"仇恨袋"，谁越对它施力，它就胀得越大，以致最后堵死我们生存的空间。因此，当我们遇到生气的事情，不必将怒火点燃，实际上这于事无补。

情绪可以成为你干扰对手、打败对手的有效工具；反过来说，情绪也会成为对手攻击你的"暗器"，让你丧失理智，铸成大错。

电影《空中监狱》中有这样一段情节：从海军陆战队受训完毕的卡麦伦来到妻子工作的小酒馆，正当两人沉浸在重逢的喜悦中时，几个小混混儿不合时宜地出现了，对他漂亮的妻子百般骚扰。卡麦伦在妻子的劝阻下，好不容易按下怒火，离开酒馆准备回家去。没想到在半路上又遇到那帮人，听着他们放肆的下流话语，卡麦伦再也无法忍受了，他不顾妻子的叫喊，愤怒地冲过去和他们搏斗起来。混乱中，一个小混混儿从衣兜里掏出一把锋利的匕首，卡麦伦不假思索地夺过匕首，一刀捅入对方的胸膛……那人当场死亡了，卡麦伦因为过失杀人，被判了10年徒刑。无论他有多么后悔，也只得挥泪告别刚刚怀孕的妻子，在狱中度过漫长的痛苦时光……

卡麦伦的悲剧难道不是他自己造成的吗？如果他能够控制自己的情绪，不正面与小混混儿冲突，又怎会酿成如此悲剧？制裁坏人并不一定要靠拳头和武力，当时，如果卡麦伦能稍微理智一些，向警方求助，事情一定不会发展到这种地步。

控制自我情绪是一种重要的能力，也是一门难能可贵的艺术。一个不懂得控制自我的人，只会任由其情绪的发展，使自己犹如一头失控的野兽，一旦不小心闯到熙熙攘攘的人群中，则会伤人伤己。人是群居的动物，不可能总是一个人独处，因此，一旦情绪失控，必将波及他人。控制自我情绪绝对是种必须具备的能力。

1754年，身为上校的华盛顿率领部下驻防亚历山大市。当时正值弗吉尼亚州议会选举议员，有一个名叫威廉·佩恩的人反对华盛顿所支持的候选人。据说，华盛顿与佩恩就选举问题展开激烈争论，说了一些冒犯佩恩的话。佩恩火冒三丈，一拳将华盛顿打倒在地。当华盛顿的部下跑上来要教训佩恩时，华盛顿急忙阻止了他们，并劝说他们返回营地。

第二天一早，华盛顿托人带给佩恩一张便条，约他到一家小酒馆见面。佩恩料定必有一场决斗，做好准备后赶到酒馆。令他惊讶的是，等候他的不是手枪而是美酒。

华盛顿站起身来，伸出手迎接他。华盛顿说："佩恩先生，昨天确实是我不对，我不应该那样说，不过你已然采取行动挽回了面子。如果你认为到此可以解决的话，请握住我的手，让我们交个朋友。"从此以后，佩恩成为华盛顿的狂热崇拜者。

我们在钦佩伟人胸怀的同时，也要认识到控制自我的重要。许多伟人之所以能够名垂千古，与他们的从容豁达、宠辱不惊有很大的关系。而芸芸众生也许更多的是任由情绪发泄，不能控制好自我。

美国研究应激反应的专家理查德·卡尔森说："我们的恼怒有 80% 是自己造成的。"这位加利福尼亚人在讨论会上教人们如何不生气。卡尔森把防止激动的方法归结为这样的话："请冷静下来！要承认生活是不公正的。任何人都不是完美的，任何事情都不会按计划进行。"理查德·卡尔森的一条黄金法则是："不要让小事情牵着鼻子走。"他说："要冷静，要理解别人。"他的建议是：表现出感激之情，别人会感觉到高兴，而你的自我感觉会更好。

学会倾听别人的意见，这样不仅会使你的生活更加有意思，而且别人也会更喜欢你；每天至少对一个人说，你为什么赏识他；不要试图把一切都弄得滴水不漏；不要顽固地坚持自己的权利，这会花费许多不必要的精力；不要老是纠正别人；常给陌生人一个微笑；不要打断别人的讲话；不要让别人为你的不顺利负责；要接受事情不成功的事实，天不会因此而塌下来；请忘记事事必须完美的想法，你自己也不是完美的。这样生活就会变得轻松得多。

当你抑制不住生气时，你要问自己：一年后生气的理由是否还那么重要？这会使你对许多事情得出正确的看法。控制住自我，你的能力就会彰显出来。

踢走"负面情绪"这个绊脚石

心理学上把焦虑、紧张、愤怒、沮丧、悲伤、痛苦等情绪统称为负性情绪，又称为负面情绪，人们之所以这样称呼这些情绪，是因为此类情绪的体验是不积极的，身体也会有不适感，甚至影响工作和生活的顺利进行，进而有可能对身心造成伤害。

现在，全球范围内出现心理问题的人越来越多，而且呈现出低龄化趋势。2000 年的调查显示，该年患有抑郁症的人数是 1960 年的 10 倍，而且患病人群的最低年龄已经由从前的 25 岁降低到了 14 岁。

医学发现，负性情绪极易形成"癌症性格"，"癌症性格"的具体表现包括：性格内向，表面上逆来顺受、毫无怨言，内心却怨气冲天、痛苦挣扎，有精神创伤史；情绪抑郁，好生闷气，但不爱宣泄；生活中一件极小的事便可使其焦虑不安，心情总处于紧张状态。这些负性情绪则有可能损害人的免疫系统，诱发癌症。

有位太太请了一个油漆匠到家里粉刷墙壁。油漆匠一走进门，看到她的丈夫双目失明顿时流露出怜悯的眼光，他觉得她的丈夫很可怜，因为他看不到阳光、花草和人们。

可是男主人一向开朗乐观，所以油漆匠在那里工作的那几天，他们谈得很投机，油漆匠也从未提起男主人的缺憾，虽然他也很想知道男主人为什么这么开心。

工作完毕，油漆匠取出账单，那位太太发现比原先谈妥的价钱打了一个很大的折扣。她问油漆匠："怎么少算这么多呢？"油漆匠回答说："我跟你先生在一起觉得很快乐，他的开朗、他的乐观，使我觉得自己的境况还不算最坏。所以减去的那一部分，算是我的一点谢意，因为他使我不会把工作看得太苦！"

其实这个油漆匠，只有一只手。

我们无法选择将要发生的事情，情绪的到来也没有任何信号。尤其是负面情绪，我们无法阻止负面情绪的产生，但我们可以掌握自己的态度，调节情绪来适应一切环境，生活中大多数的情况下，你完全可以选择你所要体验的情绪，关键在于自己对生活的态度。

在2000年美国做了一项关于1967—2000年心理学文摘的调查，结果发现关于负面心理与关于正面心理研究的论文数目比例相差得太远。这项调查结果显示：关于愤怒的研究文章有5584篇，关于沮丧的有41416篇，关于抑郁的有54040篇；而关于喜悦的研究文章只有515篇，关于快乐的有2000篇，关于生活满意的有2300篇。由此可以得到一个结论，那就是正面心理与负面心理的比例达到了 1 ：21，这是一个多么令人吃惊的数字啊！

【反本能攻略】

　　所有的负面情绪都是我们的绊脚石，我们必须认识它，重视它，超越它，让绊脚石变成我们前进的垫脚石。

带着自制上路

　　在种种消极情绪中，冲动无疑是破坏力最强的情绪之一，它是情商低的表现，每个人在生活中都会遇到不合自己心意的事，这时候如果不保持冷静，不克制自己的冲动，就会为此付出代价。一个聪明的人，不应让坏情绪控制自己，而是应该自己去控制坏情绪，成为情绪的主宰者。

　　研究人员曾对美国各监狱的数万名 20 ~ 30 岁犯人做过一项调查，发现了一个惊人的事实：这些不幸的男女犯人之所以沦落到监狱中，有 90% 是因为他们缺乏必要的自制。也就是说，他们做事过于冲动，缺少自我克制的能力。

　　生活中有许多人，往往控制不住自己的情绪，任性妄为，结果引火烧身，给自己和朋友带来不必要的麻烦。所以，你要学会控制自己的冲动。学会审时度势，千万不能放纵自己。每个人都有冲动的时候，冲动是一种很难控制的情绪。但不管怎样，你一定要牢牢控制住它。否则一点儿细小的疏忽，可能会贻害无穷。

"冲动就像地雷，碰到任何东西都一同毁灭。"如果你不注意培养自己冷静平和的性情，一旦碰到不如意的事就暴跳如雷、情绪失控，就会让自己陷入自我戕害的圈圈之中。

哈佛大学国际政治经济学教授丹尼·罗德里克有一个脾气非常暴躁的儿子。那真是一个脾气非常坏的男孩，几乎每次和别人说话都是大喊大叫。罗德里克非常担心自己的孩子，为此他想了很多办法，希望能帮助自己的孩子改变冲动的习惯。

一天，罗德里克给了他一大包钉子，让他每发一次脾气都用铁锤在他家后院的栅栏上钉一颗钉子。第一天，男孩共在栅栏上钉了 37 颗钉子。

过了几个星期，男孩渐渐学会了控制自己的情绪，栅栏上钉子的数量开始减少。渐渐地，他发现控制自己的坏脾气比往栅栏上钉钉子要容易多了。最后，男孩发脾气的频率越来越低，栅栏上钉的钉子也越来越少。

他把自己的转变告诉了父亲。他父亲又建议他说："如果你能坚持一整天不发脾气，就从栅栏上拔下一颗钉子。"过了一段时间，男孩终于把栅栏上所有的钉子都拔掉了。

父亲拉着他的手来到栅栏边，对男孩说："儿子，你做得很好。但是，你看一看那些钉子在栅栏上留下的那些小孔，栅栏再也回不到原来的样子了。当你出于一时冲动，向别人发过脾气之后，你的言语就像这些钉孔一样，会在别人的心里留下疤痕。"

在现实生活中，有人只顾一时的口舌之快，很多话不经思考便脱口而出，有意无意地就会对他人造成伤害。伤害一旦造成，再多的弥补往往也无济于事。

所以，作为情绪的主人，我们应该培养自我心理调节能力，这是一种理性的自我完善。这种心理调节能力，在实际行为上显示出强烈的意志力和自制力。它使人以平和的心态来面对人生中的起起落落，与他人交往时保持淡定从容。

有一个发生在美国阿拉斯加的故事。有一对年轻的夫妇，女人因为难产死了，孩子活了下来。男人一个人既要工作又要照顾孩子，有些忙不过来，可是找不到合适的保姆照看孩子，于是他训练了一只狗，那只狗既听话又聪明，可以帮他照看孩子。

有一天，男人要外出，像往日一样让狗照看孩子。他去了离家很远的地方，所以当晚没有赶回家。第二天一大早他急忙往家里赶，狗听到主人的声音摇着尾巴出来迎接，他发现狗满口是血，打开房门一看，屋里也到处是血，孩子居然不在床上……他心想一定是狗兽性大发，把孩子吃掉了，盛怒之下，拿起刀来把狗杀死了。

就在他悲愤交加的时候，突然听到孩子的声音，只见孩子从床下爬了出来，丈夫感到很奇怪。他再仔细看了看狗的尸体，这才发现狗后腿上有一大块肉没有了，而屋门的后面还有一只狼的尸体。原来是狗救了小主人，却被主人误杀了。

男人在一刀带来的痛快之后，很快就尝到了痛苦的滋味。他痛失爱犬，而所有的结局全由那冲动的一刀所致，这不能不说是件很遗憾的事。在遇到一些情况时，我们需要的是冷静，而非冲动。

专家认为，大多数成功者都是对情绪能够收放自如的人。这时，情绪已经不仅仅是一种情感的表达，更是一种重要的生存智慧。如果不注意控制自己的情绪，随心所欲，就可能带来毁灭性的灾难。情绪控制得好，则可以帮你化险为夷。

【反本能攻略】

人们形容某些幼稚的行为举动，常会用"冲动"来说明。也有些不负责任的人，在做了错事之后不敢承担责任，用"一时冲动"来替自己辩解。人要想在竞争激烈的环境中有所作为，必须学会克制，否则事情一发不可收拾，后果也许令我们难以承受。所以，我们要学会控制自己的情绪，不能放纵冲动的情绪控制自己。

"情绪风暴"中更要努力控制自己

哈佛大学教授、著名心理学家丹尼尔·戈尔曼在他那本风靡世界的《情商》一书中提出，成功 =20％的智商 +80％的情商。

促使一个人成功的要素中，智商作用只占了20%，而情商作用却占了80%。这就意味着如果一个人能有效控制自己的情绪，不仅将影响他的生活，还会影响他个人的情感生活、身心健康和人际关系。如果你能在"情绪风暴"中努力控制自己，那你离成功将更进一步。

所谓情绪风暴，就是指机体长时间地处于情绪波动不安的应激状态中。美国学者在对500名胃肠道病人的研究中发现，在这些病人当中，由于情绪问题而导致疾病的占74%。根据我国食道癌普查资料，大部分患者病前曾有明显的忧郁情绪和不良心境。我国心理学家在对高血压患者的病因分析中也发现患者病前常有焦虑、紧张等情绪特点。可见"情绪风暴"对人体有着巨大影响，因而备受重视。

紧张的情绪，超负荷的工作压力会让你产生难以预料的情绪风暴，带给你更多的烦恼。

35岁的约翰·匹克是美国一家贸易公司的部门主管。年纪轻轻的他能获得这么高的职位，除了才华，更多的是靠勤奋。为了这份工作，他每天工作十几个小时，出差更是家常便饭。突然有一天，一向精力充沛的他发觉越来越多的困扰向他袭来：心悸、失眠、易怒、多疑、抑郁，以前10分钟就能解决的问题，现在却要花费一个小时，他甚至对工作产生了极其厌倦的情绪，整个人也变得憔悴了。

实际上，在现代社会中，由工作压力带来的心理矛盾和冲突是普遍存在的。竞争的压力、工作中的挫折、生活环境的显著变化、人际关系的日趋紧张等，使人不可避免地处于紧张、焦虑、烦躁的情绪之中。

沃尔夫医生遇到了一个名叫汤姆的病人。汤姆因误食一种腐蚀性溶液而灼伤了食道，不能再吃食物。于是外科医生在他的胃部开了一个口，以便把食物直接灌入胃中，同时，也提供了从洞口中直接观察胃黏膜活动的机会。人们意外地发现，当病人处于紧张的情绪状态中时，胃黏膜会分泌出大量的胃液，而胃液分泌过多将会导致胃溃疡。由此可见，情绪对身体有着直接的影响。

当个体的情绪处于动荡不安的"风暴"中时，大脑的活动会受影响。例如，过度焦虑会引起大脑兴奋与抑制活动的失调，这不仅会使人的认知范围变狭窄、注意力下降，严重者还会罹患精神疾病。日常生活中常见的一些神经衰弱便与焦虑等不良情绪有关。此外，有研究显示，大脑活动的失调还会使自主神经系统的功能发生紊乱，长此以往躯体将出现某些生理疾病症状。

加拿大心理学家塞尔耶在有关"情绪风暴"对个体的身心变化影响的研究中，提出了情绪应激理论。塞尔耶认为，当人遇到紧张或危险的场面时，他的身体和精神会有过重负担，而此时人往往又需要迅速做出重大决策来应对这种危机，机体因此会处于应激状态。在应激状态下，人脑某些神经元被激活，它释放出促肾上腺皮质激素因子，并使血管紧张。

随着现代文明进程的加速，社会竞争日益加剧。人们的生活节奏也跟着"飞"起来，以致现代人把一个"忙"字作为三句不离的口头禅。朝九晚五的白领，四季恒温，一个格子间，一台显示器，一大堆文件，总有做不完的事情。由于工作紧张、人际关系淡漠等因素的影响，导致人们的身心压力越来越大。

　　对于轻微的压力，人们可以通过自我调节来消除，或随着时间的推移而日渐淡化。如果处理得当，还能将压力转化为人生前进的动力，促进个体奋发进取。但若是压力不能及时得以排除，长期积聚，无形的压力会在人的生理和心理方面引起诸多不良的反应，形成所谓的"亚健康"状态。

　　如果你已经处于"情绪风暴"中，就要尽快从中抽身，做一些对情绪平复有帮助的事情。早一点儿将"风暴"赶走，就早一点儿回归到安宁、平静、快乐的生活中。你是情绪的主人，但是也要善待自己的情绪。

【反本能攻略】

　　不能正确处理"情绪风暴"的人，往往给人一种不成熟或还没有长大的印象。谁能彻底地相信一个"孩子气"十足的人呢？谁又能承受得住这样的"孩子气"带来的压力呢？控制自己的情绪，学着多掌握一些控制和发泄愤怒的手段，这样既有利于自己的身心健康，也有利于你和周围的人更加融洽地相处。

危急时刻，先让自己静下来

文学家列夫·托尔斯泰曾经告诫儿子：发怒时，先把舌头在嘴里转 10 圈。人在发怒的时候容易做出冲动的事，如果不学会克制的话，就会造成很严重的后果。

"泰山崩于前而色不变，麋鹿兴于左而目不瞬。"遇事镇定、冷静是一种良好的心理素质，不失为大家风范。东晋宰相谢安的镇定自若被世人广为流传，在强大的前秦兵临淝水时仍镇定自若，与客人下围棋。当他的侄子谢石、谢玄击退了秦军后，他平静地对客人说："孩儿们已破贼。"

阿加莎·克里斯蒂参加完一个宴会时已经很晚了，她笑着拦住要送她回家的朋友，独自一人匆匆上路了。这位英国女作家写过数十部长篇侦探小说，如《东方快车上的谋杀案》《尼罗河上的惨案》等，塑造了跟著名侦探福尔摩斯一样驰名全球的侦探赫尔克·波洛的形象。

可是，谁会料到，这天晚上，她本人也遇到了抢劫。她独自一人走在行人稀少的大街上时，在一幢大楼的阴影处，一个高大的男子手持一把寒气逼人的尖刀，向她扑了过来。

克里斯蒂知道逃走是不可能的，就索性站住，等那人冲上来。"你，你想要什么！"克里斯蒂显出一副极为害怕的样子问。

"把你的耳环摘下来。"强盗倒也十分干脆。一听强盗说要耳环，克里斯蒂紧锁的眉头舒展了。只见她努力用大衣领子护住自己的脖子，同时，她用另一只手摘下自己的耳环，一下子把它们扔到地上，说："拿去吧！那么，现在我可以走了吗？"

强盗看到她对耳环毫不在乎，只是力图用衣领遮掩住自己的脖子，显然，她的脖子上有一条值钱的项链。他没有弯下身子去捡地上的耳环，而是重新下达了命令："把你的项链给我！"

"噢，先生，它一点儿也不值钱，给我留下吧。"

"少废话，动作快点儿！"克里斯蒂用颤抖的手，极不情愿地摘下自己的项链。强盗一把抢过项链，飞似的跑了。克里斯蒂深深地舒了口气，高兴地拾起刚才扔在地上的耳环。

原来，克里斯蒂保护项链是假，保护耳环才是真，她刚才的表演只不过是为了把强盗的注意力从耳环上引开而已。因为，她的钻石耳环价值 480 英镑，而强盗抢走的项链是玻璃制品，仅值 6 英镑。

危急关头，冲动不仅不能解决问题，反而会带来不必要的

麻烦。唯有保持冷静的头脑，审时度势，寻找正确的方法，才是获得成功的秘诀。高尔基曾说："哪怕是对自己小小的克制，也会使人变得更坚强。"

【反本能攻略】

对于一般人来说，控制自己的冲动是件非常不容易的事情，因为我们每个人的心中都存在着理智与感情的斗争。冲动会使人丧失理智。所以情绪冲动时，不要有所行动，否则你会将事情搞得一团糟。当谨慎之人察觉到情绪冲动时，会立刻控制并使其消退，用冷静代替冲动，避免鲁莽行事。

理性的勇敢，胜过横冲直撞

面对恐惧应该充满勇气不能胆怯，但是勇敢并不是鲁莽，有勇无谋的人容易把自己暴露在伤害中，所以理性的勇敢比单纯的勇敢更重要。恐惧来临之时，要控制自己慌乱的情绪，沉着冷静地思考，再勇敢地行动。稳健地行动，将一次比一次更接近成功，自控力也会逐步提升。

一对英国殖民地官员夫妇在家中举办宴会。地点设在他们宽敞的餐厅里，那儿铺着明亮的大理石，房顶有不加任何修饰的椽子，出口处是一扇通向走廊的玻璃门。客人中有当地的陆军军官、政府官员及其夫人，另外还有一名美国的自然学家。

午餐时，一位年轻女士同一位上校进行了激烈的辩论。这位女士的观点是如今的妇女已经有所进步，不再像以前那样，一见到老鼠就从椅子上跳起来。可上校却认为妇女没有什么改变，他说："碰到任何危险，妇女总是一声尖叫，然后惊慌失措。而男士碰到相同情形时，虽也有类似的感觉，但他们却多了一点儿勇气，能够适时地控制自己，冷静对待。可见，男士的这点儿勇气是很重要的。"

那位美国学者没有加入这次辩论，他默默地坐在一旁，仔细观察着在座的每一位。这时，他发现女主人露出奇怪的表情，两眼直视前方，显得十分紧张。很快，她招手叫来身后的一位男仆，对其耳语一番。仆人的双眼露出惊恐之色，他很快离开了房间。

除了这位美国学者，没有客人发现这一细节，当然也就没有人看到那位仆人把一碗牛奶放在了门外的走廊上。

美国学者突然一惊。在印度，地上放一碗牛奶只代表一个意思，即引诱一条蛇。也就是说，这间房子里肯定有一条毒蛇。他首先抬头看屋顶，那里是毒蛇经常出没的地方，可现在那儿光秃秃的，什么也没有；再看餐厅的四个角，前三个角落都空空如也，第四个角落站满了仆人，正忙着上菜下菜；现在只剩下最后一个地方他还没看了，那就是餐桌下面。

美国学者的第一反应便是要向后跳出去，同时警告其他人。

但他转念一想，这样肯定就会惊动桌下的毒蛇，而受惊的毒蛇很容易咬人。于是他一动不动，迅速地向大家说了一段话，语气十分严肃，以至于大家都安静了下来。"我想试一试在座诸位的控制力有多强：我从 1 数到 300，这会花去 5 分钟，这段时间里，谁都不能动一下，否则就罚他 50 个卢比。预备，开始！"

美国学者不急不缓地数着数，餐桌上的 20 个人，全都像雕像一样一动不动。当数到 288 时，他终于看见一条眼镜蛇向门外的牛奶爬去。他飞快地跑过去，把通向走廊的门一下子关上。蛇被关在了外面，室内立即发出一片尖叫。"上校，事实证实了你的观点。"男主人这时叹道，"正是一个男人，刚才给我们做出了从容镇定的榜样。""且慢！"美国学者说，然后转身朝向女主人："温兹女士，你是怎么发现屋里有条蛇的呢？"女主人脸上露出一抹浅浅的微笑："因为它从我的脚背上爬了过去。"

【反本能攻略】

勇气绝不等于愚勇，绝不是不自量力、不计代价地横冲直撞。任情绪失控、受坏情绪摆布的人往往是生活的弱者。当你要发脾气的时候，应该做的第一件事就是尽量让自己安静和放松下来，学会做情绪的主人，想一想目前出现了什么情况，而不是让脾气发作，被情绪牵着走。所以遇到问题时，千万不要急躁地发火，冷静下来才能解决问题。

克制愤怒，化怒火为平静

在众多负面情绪中，愤怒是经常出现的。现实生活中，大多数人常常会出现这样的情况：本来只是一些鸡毛蒜皮的小事，在别人看来不以为然，而他却犯颜动怒，火冒三丈。为此，经常损害朋友之间、夫妻之间的感情，同时又把一些本来能办好的事情给搞砸，甚至对个人的身心健康、事业成败都造成极坏的影响。

怒气不亚于一座"活火山"，一旦爆发，既会伤害别人也会伤害自己。对此，很多人虽也懂得其中的要害，但是在实际生活中却难以自控，一遇到不顺心的事就急躁易怒，容易冲动。

愤怒的火焰会燃烧掉一切。巴顿因为一时的愤怒失去了晋升机会，而台球高手路易斯·福克斯则因为情绪一时失控失去了冠军宝座。

1965 年 9 月 7 日，世界台球冠军争夺赛在纽约举行。在比赛中，路易斯·福克斯十分得意，因为他远远领先对手，只要再得几分便可登上冠军的宝座。然而，正当路易斯准备全力以赴拿下比赛时，发生了一件意想不到的事情：一只苍蝇落在台球上。这时路易斯本没在意，一挥手赶走了苍蝇，俯下身准备击球。可当他的目光落到主球上时，这只可恶的苍蝇又落到了主球上。在观众的笑声中，路易斯又去赶苍蝇，他的情绪也受到了影响。然而，这只苍蝇好像故意和他作对，路易斯一回到台盘，苍蝇也跟着飞了回来，惹得在场的观众哄堂大笑。

路易斯的情绪恶劣到了极点，终于失去了冷静和理智，他愤怒地用球杆去击打苍蝇，不小心球杆碰到台球，被裁判判为击球，从而失去了一轮机会。本以为败局已定的竞争对手约翰·迪瑞见状勇气大增，信心十足，最终赶上并超过路易斯，夺得了冠军。第二天早上，有人在河里发现了路易斯的尸体，他投水自杀了。

这就是因为情绪失控而产生的可怕结局。其实路易斯并不是没有能力拿世界冠军，可眼看金光闪闪的奖杯就要到手时，他却暴露了心理方面的致命弱点：对待影响自己情绪的小事不够冷静和理智，不能用意志来控制自己的愤怒情绪。因此他最终丢掉了冠军甚至丢掉了生命。

本杰明·富兰克林说："愤怒都是有原因的，但没有一个原因是好的。"在生活中，我们经常会看到这样的情形，司机由于交通堵塞而满脸不快，公共汽车上两个人为一个座位而大打出手……你也可以试着问一下自己：是不是动辄勃然大怒？是不是让发怒成为你生活中的一部分？是不是知道发怒无济于事？可能你会为自己的火暴脾气大加辩解："人嘛，总会有生气发火的时候。""我要不把心里的火发出来，非憋死不可。"借着种种理由，你经常生气，完全成了一个易怒的人。

关于愤怒，培根告诫我们说："无论你怎么表示愤怒，都不要做出任何无法挽回的事情来。"对此，古希腊哲学家毕达哥拉斯也有大致相同的认知。他认为，人在盛怒之下常常会做出不理性的行为，他说："愤怒从愚蠢开始，以后悔告终。"

不可否认，在许多场合下，愤怒的反应都有其原因。但是人有理性、有思维，人的行动不仅受情感的支配，还要受理性的控制。要想维护自己的正当利益，仅采取愤怒一种反应方式是不够的，而应该经由理性思维去找出更好的对策。

在你遇到不顺心的事情时，不要因一时愤怒做出过激或异常的行为，而造成无法弥补的损失或无法挽回的后果。有意识地控制愤怒，化戾气为平静，这样你才能让愤怒的火焰在即将喷涌的那一刻熄灭。

【反本能攻略】

怒气犹如一桶藏在人体中的炸药，随时都可能酿成大祸。炸掉的既可能是自己的身体，也可能是自己的事业，甚至是自己最宝贵的生命。我们一定要控制自己的情绪，培养沉稳冷静的性格。

别让压力挤走了自制

我们生活中的每一个人都有压力。生活中有许许多多的事是我们始料不及的，现实往往会与理想产生矛盾，有了矛盾就会有压力。也许你的心中有一盏指路明灯，可它似乎可望而不可即，折磨着你那进取的心；或许你想做些好事，却把事情弄得一团糟；或许你憎恨背信弃义，可又耽于世上的一切琐事；或许你很想超越自我，而现实却被——否定……

压力渐渐向我们袭来，让我们变得失去理智，变得失去自制。美国鲍尔教授说："人们在感受工作中的压力时，与其试图通过放松的技巧来应付压力，不如激励自己去面对压力。"我们想要活得充实、自在、快乐，那就必须学会面对压力的折磨。

压力不仅能激发斗志，压力还能创造奇迹。

加拿大有一位享有盛名的长跑教练，由于在很短的时间内培养出好几名长跑冠军，所以很多人都向他探询训练秘密。谁也没有想到，他成功的秘密仅在于一个神奇的陪练，而这个陪练不是一个人，是几只凶猛的狼。

因为这位教练给队员训练的是长跑，所以他一直要求队员们从家里出发时一定不要借助任何交通工具，必须自己一路跑来，作为每天训练的第一课。有一个队员每天都是最后一个到，而他的家并不是最远的。教练甚至想告诉他改行去干别的，不要在这里浪费时间了。但是突然有一天，这个队员竟然比其他人早到了20分钟，教练惊奇地发现，这个队员今天的速度几乎可以打破世界纪录。

原来，在离家不久经过一段五公里的野地时，他遇到了一只野狼。那野狼在后面拼命地追他，他在前面拼命地跑，最后，那只野狼竟被他给甩下了。教练明白了，今天这个队员超常发挥是因为一只野狼，他有了一个可怕的敌人，这个敌人使他把自己所

反本能：
怎样战胜人性的弱点和你的习以为常

有的潜能都发挥了出来。从此，这个教练聘请了一个
驯兽师，并找来几只狼，每当训练的
时候，便把狼放出来。没过多长时
间，队员的成绩都有了大
幅度的提高。

　　故事说明的道理非
常简单，无非就是通过
引入外界的竞争者来激活内
部的活力。

　　压力不仅影响人的生理，更
影响人的心理。一定程度的压
力有益于我们的心理成长，增加
生活情趣，激发我们奋进，有助于
我们更敏捷地思考，更勤奋地工作，增
强我们的自尊和自信，因为有了特定的能够实现的人生目标。

　　没有压力的生活会使人生活得没有滋味。试想，如果所有的
学生都是一样的考分，不论努力与否；如果所有的员工都是一样
的工资，不管付出多少，那还会有谁愿意继续努力？人们就会混
日子，变得越来越懒散，激情也将消失殆尽！说大了，社会也将
停滞不前。

　　当然，压力也不能太大，大得难以承受，人又会被压垮。压
力不能没有，又不能过大，同时压力也无法摆脱，生活就是这

样，充满着矛盾，我们只能选择适应生活和改变自己。当你没有了激情，懒懒散散，那就给自己加压，定下一个目标，限期完成；当你感到压力使你身心疲惫，都快成机器了，你就要进行压力缓解，放下一些攀比和力不从心的追求。

总之，我们不能被压力控制，更不能成为压力的俘虏。面对压力我们需要正确对待，我们要学着了解自己的需要和能力，找到一些控制压力的方法。没有任何事可以让压力上身：我们可以让这种恶魔滚一边去。

当你面对繁重的工作任务感到精神与心情特别紧张和压抑的时候，不妨抽一点儿时间出去散心、休息，直至感到心情比较轻松后，再回到工作中来，这时你会发现自己的工作效率特别高。紧张过度，不仅会导致严重的精神疾病，还会使美好的人生走向阴暗。只有舒缓紧张情绪，放松自己的心灵之弦，才能在人生的道路上踏歌前行。

【反本能攻略】

压力是一种常态，但不会与压力相处的人就会打破这种状态，而让自己的精神和身体陷入崩溃的边缘。如何与压力相处，关键是承受者的心态和耐力。所以，与其在压力来临时诅咒它，不如从自身做起，改观心态，增强承受力。更重要的是找到适合自己的放松方式，轻松化解压力。

第四章

反本能之培养好习惯

——好习惯难养成，坏习惯难戒掉

自控力帮你养成好习惯

马克思说过:"生活就像海洋,只有意志坚强的人,才能到达彼岸。"通往成功的秘诀在于懂得如何去控制自己,如果懂得如何控制自己,那他便是一个成功的自我教育者。控制自己的能力就是自控力。自控力是指一个人在意志行动中善于控制自己的情绪,约束自己的言行。它对人走向成功起着十分重要的作用。

本杰明·富兰克林是全世界公认的伟人。他发明了避雷针,参与了美国独立战争,写出了"自由、平等、博爱"的名言,是美国《独立宣言》的主要起草人之一,他是政治家、作家、画家、哲学家,并自修了法文、西班牙文、意大利文、拉丁文。

富兰克林在如此众多的领域做出了杰出的贡献,受到了不同国籍、不同肤色的人的敬仰。当他在 79 岁高龄时,想起自己一生取得的成就,他用了整整 15 页叙述了自己年轻时曾进行过的特殊修炼,他认为自己的一切成功与幸福都受益于此。

这些特殊的修炼是怎样进行的呢?

年轻时的富兰克林并不十分成功,但渴望成功。他经过研究，发现成功的关键在于完善的个性。经过精心总结，他认为这完善的个性应包括以下 13 个原则：节制、寡言、秩序、果断、节俭、勤奋、诚恳、公正、适度、清洁、镇静、贞洁、谦逊。

但他进一步研究发现，如果仅仅知道这 13 项原则并不能使自己成功。只有经过刻苦的修炼，把这 13 项原则变成自己的 13 种习惯，这才是属于自己的。否则，那还是别人的，是书本上的。

知道了这一点，他认真为自己准备了一个本子，每一页打上许多格子。他当时非常清楚，一段时间只专注于一项修炼，才是最有效的。否则，会适得其反。于是他头一个星期只专注于"节制"，每天检查自己为人处世是否"节制"，并在本子上做上记号。

一个星期后，由于天天盯住自己是否"节制"，并坚持每天监督，他惊喜地发现，"节制"慢慢地在他身上生根了。

尝到了甜头，第二个星期他每天盯住第二项——"寡言"，并对第一项"节制"复习巩固；第三个星期盯住第三项——"秩序"，再对第一项、第二项复习巩固。没想到 13 个星期后，他发现自己的举手投足、为人处世、待人接物都发生了根本性的改变。

年轻、认真，又有决心的富兰克林生怕这 13 个星期还不足以使那 13 项原则完全变成自己的习惯，在一年内他又进行了 3 个 13 个星期的轮回修炼。一年后，富兰克林完全变了，这种变化已融入他的血液，渗入他的灵魂，浸透到他每一个细胞里，大家想，他能不成功吗?

我们每个人都会有懒惰的行为，也会一时贪图享乐，缺少控制，结果就会跌入深渊，万劫不复。贪图是可怕的精神腐蚀，会使我们整天无精打采，生活颓废。不要因一时的安逸而蹉跎岁月，更不能养成这种不好的习惯。

第一位成功征服珠穆朗玛峰的新西兰人埃德蒙·希拉里在被问起是如何征服这世界最高峰时，他回答道："我真正征服的不是一座山，而是我自己。"这种优秀的品质就叫作意志力、自控力或克己自律，实际上，你也完全可以从每天去做一些并不喜欢的或原本认为做不到的事情开始，开发出自己更强的意志力、自控力等。

只有通过实践锻炼，才能够真正获得自控力。也只有依靠惯性和反复的自我控制训练，我们的神经才有可能得到完全的控制。从反复努力和反复训练意志的角度上来说，自控力的培养在很大程度上就是一种习惯的形成。

比如跑步，每天早上进行 5 公里慢跑。不论严寒酷暑、刮风下雨，都要坚持。早上，在床上的每一分钟都是如此让人珍惜，特别是冬天，赖在被窝里为起床做着激烈的思想斗争，而且长跑又艰苦又乏味，还会让人腰酸背痛，是一件名副其实的苦差事，很多人可能坚持不下来。

但马克·吐温说："如果你每天去做一点儿自己心里并不愿意做的事情，这样，你便不会为那些真正需要你完成的义务而感到痛苦，这就是养成自觉习惯的黄金定律。"只要你坚持，随着身体状况慢慢变好，跑步逐渐变得轻松起来，跑步这件事似乎不再那么恐怖了，尽管早起仍然有点儿困难，有点儿费劲，但似乎可以克服。

一切都变得越来越容易，越来越自然，到最后不用强迫自己，每天的晨跑成为自然而然的习惯。这样通过每天跑步的"磨炼"，使你的自律能力、决心、意志、承诺、效率、自信、自尊都得到锻炼和提高。

【反本能攻略】

生活中的很多事实都已经说明，人其实就是一种习惯性的动物。无论我们是否愿意，习惯总是无孔不入，渗透在我们生活的方方面面。有调查显示，我们日常活动的90％源自习惯和惯性。如果不加控制，就会影响我们生活的所有方面。

坚持体育锻炼，打造良好身心

体育锻炼能给人脑带来一系列好处，包括提高注意力、减少压力和焦虑、延缓老年人的认知衰退，等等。

奥林匹克运动创始人顾拜旦曾说："你想健康吗？你想聪明吗？你想健美吗？请运动吧！"无论在学校里，还是参加工作，你都不能忽视对身体的塑造，因为虚弱的身体无法为你抵挡未来的风雨。你应该抓紧时间，养成体育锻炼的好习惯。

研究表明，人体大部分器官的成熟都是在青少年时期完成的。换句话说，成年以前，是器官生长发育的重要时期，也就是给它们"充电"的时期。各大器官到底有多少能量，到底能用多久，取决于我们"充电"的质量。这正好也解释了为什么青少年时期一些不良的生活习惯对身体伤害更大的问题。本来应该是积累获得的时候，但一些不爱惜身体的人在大量地损耗，这就导致机体功能不但没有发育完全，反而更加低下。因此，你一定要养成锻炼身体的好习惯，这对你将来的生活至关重要。

经常锻炼身体有利于人体骨骼、肌肉的生长，能有效改善血液循环系统、呼吸系统、消化系统的机能状况，有利于人体的生长发育，能提高人体抗病能力，增强机体的适应能力。同时，锻炼还能改善神经系统的调节功能，提高神经系统对人体活动时错综复杂变化的判断能力，并及时做出调整，使人体适应内外环境的变化，保持机体生命活动的正常进行。

假如你经常锻炼身体，你身体的器官和组织功能会进一步完善，为未来积蓄更多的能量。经常进行锻炼的人，心脏动力更足，一次搏动所提供的血液就更多，心跳的频率也就更慢，心脏自然就能工作更长的时间。当然，其他器官也遵循这个规律。

许多卓越者都有坚持体育锻炼的习惯。

毛泽东喜欢快步行走，他常常把社会调查与放松身心、锻炼身体结合起来进行。在外视察之余，他还常常爬山锻炼。

美国前总统小布什喜欢在健身房利用健身器材健身，他的重量训练包括坐姿推举、扩胸与扩背运动等。虽然工作繁忙，但小布什经常利用一切可以利用的空闲时间跑步。在访问墨西哥途中，他在"空军一号"会议室里的一台跑步机上跑了起来。在总统套房里，在戴维营的林间小道上，在白宫顶楼的健身房内，都有小布什跑步的身影。

【反本能攻略】

研究表明，体育锻炼可以培养良好的性格品质，包括决心、进取心、自信心、坚韧性、责任感、勇敢、果敢性、主动性、独立性和自控力等。所以，如果你想具备良好的心理素质，不妨积极参加一些体育锻炼。

有时候，可以把手机关掉

目前有许多人患有"手机焦虑症"。手机在他们生活中的地位已经不只是一个普通的通信工具，一旦身边没有了手机，就立刻觉得心里没有着落，再不就总觉得自己不在服务区内，时不时地想掏出手机来看一看，更有甚者已经发展到开始害怕听到手机响铃和惧怕用手机交谈的地步。

有调查显示，79%的被调查者认为手机增加了自己焦急不安的情绪。在调查中，当被问及："你日常携带的物品中，当忘记带哪一件时会觉得心神不定？"57%的被访者选择了手机。

选择手机的人一般认为，当自己不带手机时，会想"是不是会有人找自己""会不会因为第一时间联系不到自己而耽误了重要的事情"等，常常会搞得自己心绪不宁。52%的被访者表示他们对手机已经产生了依赖感，无法想象没有手机的日子会怎样。

46%的被调查者表示，手机短信的出现，让自己心里多了一份"牵挂"。96%的被调查者表示自己每天都发短信；61%的被调查者表示自己每天都会收到不同内容的短信；43%的被调查者表示如果自己发出短信，没有得到对方回应，就会很牵挂，心里总放不下，想尽快弄清楚是什么原因。

单单是为生活平添牵挂和让人心神不定倒也就算了，更可怕的是长时期保持和手机的亲密接触会让人生病。许多新病症就是由手机所致的！

澳大利亚移动电话通信协会经验证得出结论：连续打两小时手机会损伤面部神经。墨尔本的一名放射学研究员发现，一名连续打了两次长达1小时手机的病人，出现了永久性神经损害，导致脸部右侧失去知觉。他们指出，受损的脸部神经正好位于移动电话磁场的分布范围。

尽管如此，公众普遍认为，虽然使用手机给他们带来麻烦，但是离开手机他们会非常不适应。当被问及"如果不让你使用手机，回到过去没有手机的状态，你是否愿意"时，87%的被访者表示不愿意。

研究人员认为，手机的出现从某种程度上说是一把"双刃剑"，既给我们带来了沟通的愉快，又增加了心理的负担。手机已经让人类对它产生了依赖，并且直接影响了每一个使用者的情绪，与手机给个人自由带来的革命相比，现在越来越多的人不知道该何时挂断电话了。

其实，很多时候，我们觉得自己的生活正在和别人相互联系着、影响着，对手机的依赖更多的是一种焦虑。正因为你觉得自己无法掌控所有可能到来的问题或者麻烦，所以，你才无时无刻不在担心和痛苦。你其实完全可以告诉自己："这个世界没有我，依然存在！我其实并没有那么重要，我不需要把自己放在一个非我不可的地位上。"

这种焦虑就是源于你的不自信和不自控，你要做的是调整自己的位置和情绪，做到有计划地安排自己的生活，知道大致在什么时间或许会有什么事情发生，这是对自己的生活和时间的一种掌握。当然，肯定会有计划外的意外，但是，并不是每天都有这样的意外发生。你掌控不了生活的细节，但是你可以掌握生活的方向。

【反本能攻略】

面对"手机焦虑症"，我们必须做一些事情，以免情况失控。我们要把手机打回原形，让它为我们服务，而不要变成它的奴隶。我们要控制手机对我们的影响，同样我们也要控制生活中其他一些物件对我们的影响。

莫跟着习惯老化

有一只小牛，见母牛在农民的鞭下汗流浃背地耕田，感到很难过，就问："妈妈，既然世界这么大，为什么我们一定要在这里受苦，受人折磨呢？"

母牛一边挥汗如雨，一边无可奈何地回答说："孩子，没办法呀，自从咱们吃了人家的东西，就身不由己了，祖祖辈辈都这样啊！"

世界虽大，但被奴役惯了的牛，只能终身劳作于田间。

有一个伐木工人在一家木材厂找到了工作，报酬不错，工作条件也好，他很珍惜，下决心要好好干。

第一天，老板给他一把利斧，并给他划定了伐木的范围。这一天，工人砍了18棵树。老板说："不错，就这么干！"工人很受鼓舞，第二天，他干得更加起劲，但是他只砍了15棵树。第三天，他加倍努力，可是仅砍了10棵。

工人觉得很惭愧，跑到老板那儿道歉，说自己也不知道怎么了，好像力气越来越小了。

老板问他："你上一次磨斧子是什么时候？"

"磨斧子？"工人诧异地说，"我天天忙着砍树，哪里有工夫磨斧子！"

这个工人以为越卖力工作成果就会越大，殊不知，"磨刀不误砍柴工"，没有锋利的工具，又怎么能干出有效率的工作。这

反本能：
怎样战胜人性的弱点和你的习以为常

个工人的失误就在于思维习惯束缚了他。

还有一则笑话，说的是有一天，某局长突然接到一封加急电报，电文是："母去世，父病危，望速回。"阅毕，局长痛不欲生，边哭边在电报回单上签字，邮递员接过回单一看，那上面写的竟是"同意"二字。原来局长已经习惯写"同意"了。

许多人大笑过后，不禁陷入了沉思，确实，习惯的影响对个人及集体实在太大了。

好习惯可以助人成长，坏习惯则可以毁人一生。

朋友，如果你不想搞出像那位局长这样的笑话，就请警惕你的老习惯吧！

还有一则寓言。一只大雁和一只狐狸都落入猎人设下的陷阱。它们都在思考如何逃出猎人的"魔掌"死里逃生。不久，猎人来了。

飞遍大江南北、见多识广的大雁知道，既然成为猎物，求饶是没用的，于是它赶快躺在地上装死。猎人以为大雁是被狐狸咬死的，就将其抓了出来，扔在地上。

狐狸想，民间有"不打笑脸人"一说，于是就嬉笑着说："大哥，咱们是好兄弟，你就饶了我吧。"但猎人根本不予理睬："狡猾的东西，我不会上你的当。"一棍子就打死了狐狸，再回头找大雁，谁知，大雁早拍拍翅膀飞了。

【反本能攻略】

时代在不断发展，仅靠小聪明，死守老一套，已经不能适应社会的要求。在如今的社会里，只有那些敢于大胆创新，勇于挑战社会和挑战自我的人，才能成为时代的先行者。有的人习惯于遵循老传统，恪守老经验，宁愿平平淡淡做事，安安稳稳生活，日复一日、年复一年地从事别人为他们安排的重复性劳动，他们的生活毫无波澜，更无创造。这种人思想守旧，循规蹈矩，心不敢乱想，脚不敢乱走，手不敢乱动，凡事小心翼翼，中规中矩，虽然办事稳妥，但一般不会有多大出息。

给不良习惯找个"天敌"

意识产生动机，动机产生行为，这需要有动力。改变习惯同样需要有动力，动力来自哪里？动力有哪几种呢？

一个智者把 3 个胆量不同的人领到了山涧边，跟他们说："谁能够跳过这个山涧，我承认谁胆子大。"第一大胆的人跳了过去，得到了智者的赞美。其他两个人不跳，这时智者拿出一块金子，说谁能够跳过去这块金子就归谁，第二大胆的人跳了过去。第三大胆的人还是不跳，这时此人后面出现了一头狮子，此人发现如果不跳会没命，一用力，也跳了过来。这 3 个人都跳过山涧，但他们跳的动力不同。

使人的行为发生的动力有两类：恐惧和诱因。行为发生了，是因为诱因足够；行为没有发生，是因为恐惧不够。如果一种习惯改变了，是因为诱因足够；如果一种习惯没有改变，则是因为恐惧不够。

恐惧比诱因具有更大的动力。你可以不为金钱利益所动，但是你害怕失去：害怕失去自由，害怕失去健康，害怕失去爱。所以马基雅维利说："恐惧比感激更能够维系忠诚。"

改变习惯需要动力，动力分为诱因和恐惧。不管是国外还是国内，在古代的时候，君主都是以武力来实现统治，即利用臣民对自己的恐惧达到统治的目的，而不是对臣民好一点，让他们产生感激来维系忠诚。因为感激是不可靠的，出于感激，人们只会在满足自己的情况下，再考虑对方。而恐惧就不一样了，它甚至可以让你先满足对方的要求，再考虑自己。

一个人要改变习惯真的很难，对于一个不喜欢学习的人，要让他每天都学习，他会觉得很不舒服。但是到了快要考试的时候，他就有了压力，考试不及格怎么办？如果考得好的话可以拿奖学金，对以后的读研究生、出国、找工作都很有好处。面对恐惧和诱惑双重影响，他就会逼着自己改变习惯，因为他有了动力。

森林公园为了保护鹿，把狼赶走了。但是一些鹿得病而死。得病的原因是缺少运动，为什么缺少运动？因为没有了天敌——狼，所以不用奔跑了。后来森林管理人员又把狼引进了公园，这样鹿们又恢复了健康。

【反本能攻略】

给自己一点"恐惧感"和"诱因"，你的不良习惯也许就遇到了"天敌"。

卓越是一种习惯，平庸也是一种习惯

在我们的工作和生活中，有很多效率低下的例子。例如，有些人只知道一味地例行公事，而不顾做事的实际效果；他们总是采取一种被动的、机械的工作方式。在这种状态下工作的人，往往缺乏主观能动性和创造性，在工作中不思进取、敷衍塞责，总是为自己找借口，无休止地拖延。

另外，我们也可以看到很多做事高效的例子。例如，有些人做起事来注重目标，注重程序，他们在工作中往往采取一种主动而积极的方式。他们工作起来对目标和结果负责，做事有主见，善于创造性地开展工作；工作中出现困难的时候会积极地寻找办法，勇于承担责任，无论做什么总是会给自己的上司一个满意的答复。

举一个例子来说吧，某公司的一位客服接到服务单，客户要装一台打印机，但服务单上没有注明是否要配插线，这时，客服有3种做法：

（1）开派工单。

（2）电话提醒一下商务秘书，看是否要配插线，然后等对方回话。

（3）直接打电话给客户，询问是否要配插线，若需要，就配齐给客户送过去。

第一种做法，可能导致客户的打印机无法使用，引起客户的不满；第二种做法，可能会延误工作，影响服务质量；第三种做法，既能避免工作失误，又不会影响工作效率。

显然，第三种做法就是一个高效做事的例子。

【反本能攻略】

高效能人士与做事缺乏效率的人的一个重要区别在于：前者是主动工作、善于思考、主动找方法的人，他们既对过程负责，又对结果负责；而后者只是被动地等待工作，敷衍塞责，遇到困难只会抱怨，寻找借口。另外，高效能人士不仅善于高效工作，同时也深谙平衡工作与生活的艺术。他们既不会为工作所苦，也不为生活所累。他们不是一个不重结果、被动做事的"问题员工"，也不是一个执着于工作，忽视了生活、整日为效率所苦的"工作狂"。

不做"先例的奴隶"，放手一搏获新生

一般情况下，经验是我们处理日常问题的好帮手。只要具有某一方面的经验，那么在应付这一方面的问题时就能得心应手。特别是一些技术和管理方面的工作，非要有丰富的经验不可。所以，很多时候，经验成了我们行动所依靠的拐杖。但经验不是放之四海而皆准的真理，经验也给我们带来了不少沉痛的教训。

真正有智慧的人重视经验，但不拘泥于经验。别人拿苹果直

着切，他偏偏横着切，要看看究竟有什么不同；别人说"不听老人言，吃亏在眼前"，他偏不听，偏要自己闯闯看。具有创新思维的人不愿死守传统，不愿盲从他人，凡事喜欢自己动脑筋，喜欢有自己的独特见解。

在当今瞬息万变的时代，经验不能代表一切，恪守老经验也不等于永远正确，反而会阻碍创新思维。所以，我们不要笃信"经验之谈"，要有初生牛犊不怕虎的勇气和精神，敢干敢闯，相信牛犊也能闯出一片新天地。

一次，一艘远洋海轮不幸触礁，沉没在汪洋大海里，九位船员拼死登上一座孤岛，才得以幸存。

但接下来的情形更加糟糕，因为岛上除了石头还是石头，没有任何可以用来充饥的东西。更要命的是，在烈日的暴晒下，每个人都口渴得冒烟，水成为最珍贵的东西。

尽管四周都是海水，可谁都知道，海水又苦又涩又咸，根本不能用来解渴。现在九个人唯一的生存希望是老天爷下雨或别的过往船只发现他们。

九个人在煎熬中开始了漫长的等待，然而老天没有任何下雨的迹象，天际除了海水还是一望无际的海水，没有任何船只经过这个死一般寂静的岛。渐渐地，他们支撑不下去了。

八个船员相继渴死，当最后一位船员快要渴死的时候，他实在忍受不住，扑进海水里，"咕嘟咕嘟"地喝了一肚子海水。他喝完海水，一点儿也尝不出海水的苦涩味，反而觉得这海水非常甘甜，非常解渴。他想，也许这是自己渴死前的幻觉吧，便静静地躺在岛上，等着死神的降临。然而，他一觉醒来发现自己还活着。奇怪之余，他依靠喝岛边的海水度日，终于等来了救援的船只。

后来人们化验海水时发现，这里有地下泉水不断翻涌，所以，海水实际上是可口的泉水。

【反本能攻略】

囿于传统经验不能变通的人，我们称之为"先例的奴隶"或者"先例的崇拜者"，因为他们把困难当作不可能，总是在说"这不会做，那不可能"，殊不知，世界上哪一样新事物不应归功于古往今来的打破先例者呢？

成功的习惯重在培养

美国学者特尔曼对 1500 名儿童进行了长期的跟踪研究，发现这些"天才"儿童平均年龄为 7 岁，平均智商为 130。成年之后，又对其中最有成就的20％和没有什么成就的20％进行分析比较，结果发现，他们成年后之所以产生明显差异，其主要原因就是前者有良好的学习习惯、强烈的进取精神和顽强的毅力，而后者则甚为缺乏。

习惯是经过重复或练习而巩固下来的思维模式和行为方式，例如，人们长期养成的学习习惯、生活习惯、工作习惯等。"习惯养得好，终身受其益"；"少小若无性，习惯成自然"。习惯是由重复制造出来，并根据自然法则养成的。

孩子从小养成良好的习惯，能促进他们的生长发育，更好地获取知识，发展智力。良好的学习习惯能提高孩子的学习效率，保证学习任务的顺利完成。从这个意义上说，它是孩子今后事业成功的首要条件。

下面是培养良好习惯的过程与规则：

在培养一个新习惯之初，把力量和热忱注入你的感情之中。对于你所想的，要有深刻的感受。记住：你正在采取建造新的心灵道路的最初几个步骤，万事开头难。一开始，你就要尽可能地使这条道路既干净又清楚，下一次你想要寻找及走上这条路时，就可以很轻易地看出这条道路来。

把你的注意力集中在新道路的修建工作上，使你的意识不再去注意旧的道路，以免使你又想走上旧的道路。不要再去想旧路上的事情，把它们全部忘掉，你只要考虑新建的道路就可以了。

可能的话，尽量在你新建的道路上行走。你要自己制造机会来走上这条新路，不要等机会自动在你跟前出现。你在新路上行走的次数越多，它们就能越快被踏平，更有利于行走。一开始，你就要制订一些计划，准备走上新的习惯道路。

过去已经走过的道路比较好走，因此，你一定要抗拒走上这些旧路的诱惑。你每抵抗一次这种诱惑，就会变得更为坚强，下次也就更容易抗拒这种诱惑。但是，你每向这种诱惑屈服一次，就会更容易在下一次屈服，以后将更难以抗拒诱惑。你将在一开始就面临一次战斗，这是重要时刻，你必须在一开始就证明你的决心、毅力与意志力。

要确信你已找出正确的途径，把它当作你的明确目标，然后毫无畏惧地前进，不要使自己产生怀疑。着手进行你的工作，不要往后看。选定你的目标，然后修建一条又好、又宽、又深的道路，直接通向这个目标。

你已经注意到了，习惯与自我暗示之间有着很密切的关系。根据习惯而一再以相同的态度重复进行的一项行为，我们将会自动地或不知不觉地进行这项行为。例如，在弹奏钢琴时，钢琴家可以一面弹奏他所熟悉的一段曲子，一面在脑中想着其他的事情。自我暗示是我们用来挖掘心理道路的工具，"专心"就是握住这个工具的手，而"习惯"则是这条心理道路的路线图或蓝图。要想把某种想法或欲望转变成为行动或事实，首先必须忠实而固执地将它保存在意识之中，一直等到习惯将它变成永久性的形式为止。

　　成功者之所以成功，不是因为他们有着多么高的天赋和超常的才能，而是因为他们有着良好的习惯，并善于用良好的习惯来提高自己的工作效率，进而提高自己的生活品质。他们发现，好习惯能改变命运，使自己过上富足的生活；好习惯使身心健康，邻里和睦，家庭幸福美满。这一切都源于好习惯的力量。

锯掉习惯依靠的"椅背"

　　喜欢依赖别人的人一般很幼稚、顺从，他们常常怀疑自己可能被拒绝，在任何方面都很少表现出积极性，缺乏对生活的信心和力量。由于这种人缺乏基本应付生活的能力，所以一般很难适应新的环境和生活，需要逐步引导。

　　依赖型的人一般十分温顺、听话，最初可能会受人欢迎，引起人们的好感。但不久，这种黏着性依赖就令人厌烦，因此他们很难处理好人际关系。依赖型的人常缺乏自信，显得悲观、被动、消极，在人际关系中总处在被动位置。

　　从心理学角度看，依赖心理是一种习以为常的生活选择。当你选择依赖时，就会使你失去独立的人格，变得脆弱、无主见，成为被别人主宰的可怜虫。

　　对依赖性强的人，要锯掉他们的"椅背"，让他们自觉地挺起脊背，不去依靠任何外力来支撑自己的身体。这样才能更加茁壮地成长。

美国前总统约翰·肯尼迪的父亲，从小就很注重对孩子独立性格的培养。

有一次，老肯尼迪赶着马车带儿子出去游玩，在一个拐弯处，因为马车速度很快，猛地把小肯尼迪甩了出去。当马车停住时，儿子以为父亲会下来把他扶起来，但父亲坐在车上悠闲地掏出烟吸起来。

儿子叫道："爸爸，快来扶我。"

"你摔疼了吗？"

"是的，我感觉已经站不起来了。"儿子带着哭腔说。

"那也要坚持站起来，重新爬上马车。"

儿子挣扎着自己站了起来，摇摇晃晃地走近马车，艰难地爬了上来。

父亲摇动着鞭子问："你知道为什么让你这么做吗？"

儿子摇了摇头。

父亲接着说："人生就是这样，跌倒、爬起来、奔跑，再跌倒、再爬起来、再奔跑。在任何时候都要靠自己，没人会去扶你的。"

从那时起，父亲更加注重对儿子的培养，经常带着他参加一些大型社交活动，教他如何向客人打招呼、道别，与不同身份的客人应该怎样交谈，等等。

其中一位客人这么问肯尼迪的父亲："他还这么小，您这么要求他，是不是太难为他了？"谁料肯尼迪的父亲立刻回答："哦，我这是在训练他当总统呢！"

人们经常持有的一个最大的谬论，就是以为他们永远会从别人不断的帮助中获益，却不知一味地依赖他人只会导致懦弱。如果一个人总是依靠他人，将永远也强大不起来，永远也不会有独创力。

如果当时肯尼迪的父亲去扶他，那么，肯尼迪也许就无法成为日后的总统。正是肯尼迪父亲从小培养肯尼迪独立自主，不依赖任何人的良好习惯，才造就了肯尼迪日后的成就。

人活一生，要么独立自主，要么埋葬雄心壮志，一辈子老老实实做个普通人。对于想成大事者而言，拒绝依赖他人是对自己能力的一大考验。依附于别人，就是把命运交给别人，放弃做大事的主动权。

【反本能攻略】

俗话说："一生依赖他人的人，只能算半个人。"人，要靠自己活着，而且只能靠自己活着。在人生的不同阶段，应尽力达到应有的自立水平，拥有与之相适应的自立精神。缺乏独立自主个性和自立能力的人，连自己都管不了，还谈何发展？摆脱一份依赖，就多了一份自主，也就向自由的生活前进了一些，向成功的目标迈近了一步。

第五章

反本能之修炼情商

——克制人的自私本性和攻击本能

饶恕别人，便是宽恕自己

大度和宽容能够换来最甜蜜的结果。经历过一次忍让，就会多一分宽容。多一分宽容，就会多一个朋友，少一个敌人。西点军校是一所培养军事人才的著名学府，但它这样教导学员：征服人心不是靠武力，而是靠宽容和大度。

世界上最宽阔的是海洋，比海洋更宽阔的是天空，比天空更宽阔的是人的胸怀。西点军校要求每一位学员具备广阔的胸襟，因为他们要承担更多的职责和义务。

大度是化解冲突的最佳武器，能融化世上最冷酷的心，任何人在大度面前都会缴械投降。

飞人乔丹是 NBA 历史上最伟大的篮球运动员之一。一方面由于他球技过人，创造了多项世界纪录，而且至今无人打破；另一方面得益于他过人的气度、胸襟，以及勇于面对自己的缺点和不足的品质。

在当时，公牛队中最有希望超越他的球员是皮蓬。皮蓬年轻气盛，好胜心极强，在乔丹面前，他常常流露出一种不屑一顾的

反本能：
怎样战胜人性的弱点和你的习以为常

神情，还煞费苦心地寻找乔丹的弱点，并对别人说自己一定会击败乔丹。但乔丹从来没有把皮蓬当作潜在的威胁，更没有因此而排挤他，相反，他经常对皮蓬加以鼓励，并且找出自己的缺点，努力完善自己。

有一次休息时，乔丹问皮蓬："你觉得我们两人的三分球谁投得更好一些？"皮蓬听了很不高兴，阴阳怪气地说："你这是明知故问，当然是你了！"因为当时的统计数据显示，乔丹三分球的命中率是28.6%，皮蓬的三分球命中率则是26.4%。

看着生气的皮蓬，乔丹微笑着纠正说："不，皮蓬，你投得更好一些！你的动作规范、流畅，你很有天赋，以后会投得更好。但我投三分球时有很多弱点，我扣篮主要用右手，而且会习惯性地用左手帮一下忙。可是你左、右手都投得很棒，而且不用另一只手帮忙。所以，你的进步空间比我更大！"

乔丹的宽容与大度让皮蓬深受感动，此后他一改自己对乔丹的看法，更多的是以一种尊敬的态度向乔丹学习。从此，两人都有了不同程度的提高，他们的配合也越来越默契，为公牛队创造了辉煌的成绩。

大度不是软弱无能，而是一种智慧、一种胸怀，它能够启迪、感化别人。如果每个人都能大度地对待别人，世界上就会少许多纠纷。

【反本能攻略】

林肯曾说过："对任何人不怀恶意，对一切人宽大仁爱。坚持正义，因为上帝使我们懂得正义。让我们继续努力去完成我们正在从事的事业，包扎我们国家的伤口。"我们要消除自己内心的狭隘、偏见与仇恨，宽容地对待别人甚至是敌人，我们将不会再为他人的错误而惩罚自己，也将获得他人最大的尊重。

用和平的方式解决冲突

宽容不但是做人的美德，也是一种明智的处世原则，是人与人交往的润滑剂，而气愤和悲伤是心胸狭窄的影子。

琼斯是一名经营建筑材料的商人，由于另一位对手的竞争而陷入困境之中。对方在他的经销区域内定期走访建筑师与承包商，告诉他们：琼斯的公司不可靠，其产品质量不好，生意也面临歇业的境地。

琼斯说他并不认为对手会严重伤害到他的生意，但是这件麻烦事使他心中生出无名之火，真想用一块砖来敲碎那人肥胖的脑袋作为发泄。"有一个星期天早晨，"琼斯说，"牧师讲道时的主题是：要施恩给那些故意跟你为难的人。我把每一个字都记在心里。就在上个星期五，我的竞争者使我失去了一份25万块砖的订单。但是，牧师教我们要以德报怨，化敌为友，而且他举了很多例子来证明他的理论。当天下午，我在安排下周日程表时，发现住在弗吉尼亚州的一位顾客，因为盖一座办公大楼需要一批砖，所需的砖型号不是我们公司制造供应的，而与我竞争对手出售的产品类似。同时，我也确定那位满嘴胡言的竞争者完全不知道有这笔生意。"

这使琼斯感到为难，是要遵从牧师的忠告，告诉对手这个机会，还是按自己的意思去做，让对方永远也得不到这笔生意？到底该怎样做呢？琼斯的内心挣扎了一段时间，牧师的忠告一直盘踞在他心间。最后，也许是因为想证实牧师是错的，他拿起电话拨到竞争对手家里。

接电话的人正是对手本人，当时他拿着电话，难堪得一句话也说不出来。琼斯还是礼貌地直接告诉他那笔生意。结果，那个对手很感激琼斯。琼斯说："我得到了惊人的结果，他不但停止散布有关我的谎言，而且把他无法处理的一些生意转给我做。"琼斯的心情也比以前好多了，他与对手之间的隔阂也消除了。

宽容是一种坚强，而不是软弱。正如故事中的琼斯一样，他的宽容所体现出来的退让是有目的有计划的，而主动权永远掌握在他的手中。宽容的最高境界就是对所有生物的怜悯。要知道，只有宽宏的心灵才能装下整个宇宙，包括成功与荣誉。

【反本能攻略】

学会宽容，意味着你不会再为他人的错误而惩罚自己；学会宽容，意味着你不会睚眦必报，从而拥有一份潇洒的风采。宽容的人，自有其浩然的气度，他们是芸芸众生中超凡脱俗的圣者，他们以豁达随和的处世态度，赢得了世人的敬重，也为自己的生命收获了一份高贵的尊重！

嫉妒更多是伤害自己

嫉妒是痛苦的制造者，在各种心理问题中对人伤害十分严重，可以称得上是"心灵上的恶性肿瘤"。如果一个人缺乏正确的竞争心理，只关注别人的成绩，嫉妒他人，同时内心产生极度的怨恨，时间一久心中的压抑聚集，就会形成问题心理，对健康会造成极大伤害。

何谓嫉妒呢？心理学家认为，嫉妒是由于别人胜过自己而引起情绪的负性体验，是心胸狭窄的共同心理。黑格尔说："嫉妒乃是平庸对于卓越才能的反感。"

嫉妒不是天生的，而是后天产生的。嫉妒有三个心理活动阶段：嫉羡——嫉忧——嫉恨。这三个阶段都有嫉妒的成分，是从少到多递增的。嫉羡中以羡慕为主，嫉妒为辅；嫉忧中嫉妒的成分增多，已经到了怕别人威胁自己的地步了；嫉恨则是嫉妒之火已熊熊燃烧到了难以消除的地步。这把嫉恨之火，没有燃向别人，而是炙烤着自己的心，使自己没有片刻宁静，于是便绞尽脑汁去想方设法诋毁别人，使自己形神两亏。

波普曾经说过："对心胸卑鄙的人来说，他是嫉妒的奴隶；对有学问、有气质的人来说，嫉妒可化为竞争心。"坚信别人的优秀并不妨碍自己的前进，相反，却给自己提供了一个竞争对手、一个榜样，能给你前所未有的动力。

莎士比亚说："像空气一样轻的小事，对于一个嫉妒的人，也会变成天书一样坚强的确证，也许这就可以引起一场是非。"

哈佛学者说："嫉妒心是赶走友谊的罪魁祸首，也是将自己带入痛苦深渊的魔鬼。"因为嫉妒心重的人常自寻烦恼。嫉妒心是幸运和幸福的敌人。对于别人的好，平静地看待，真诚地祝福，这才是拥有幸福人生的秘诀。

自在生活，愉快工作，要想使自己的生活充满阳光，必须走出嫉妒的泥潭，学会超越自我，克服嫉妒心理。

有时面对生活和事业上的巨大落差，或社会的种种不公正现象，人们都难免会出现一时的心理失衡和嫉妒。这时，要是实在无法化解，可以适当宣泄一下。

嫉妒心有时往往是由于误解所引起的，即人家取得了成就，便误以为是对自己的否定。其实，一个人的成功是付出了许多的艰辛和巨大的代价的，人们给予他赞美、荣誉，并没有损害你，也不妨碍你去获取成功。

心胸宽广的人，做人做事光明磊落，而心胸狭窄的人，容易产生嫉妒。嫉妒心一经产生，就要立即把它打消，以免其作祟。要积极进取，使生活充实起来，以期取得成功。

嫉妒是一种突出自我的表现。无论发生什么事，首先考虑到的是自身的得失，因而引起一系列的不良后果。所以当嫉妒心理萌发时，或者是有一定表现时，要能够积极主动地调整自己的意识和行动，从而控制自己的动机和感情。这就需要冷静地分析自己的想法和行为，同时客观地评价一下自己，找出差距和问题。当认清了自己后，再重新认识别人，自然也就能够有所觉悟了。

嫉妒，会使我们失去内在的双腿，走在人生路上，没有支柱，寸步难行。嫉妒，是弱者的名字。它使我们无法肯定自己的尊贵，同样也丧失了欣赏别人的能力。

哲学家亚里士多德在雅典吕克昂学院从事教学、研究、著述期间，常与学生一道探讨人生的真谛。有一次，一名学生问他："先生，请告诉我，为什么心怀嫉妒的人总是心情沮丧呢？"亚

反本能：
怎样战胜人性的弱点和你的习以为常

里士多德回答："因为折磨他的不仅有他自身的挫折，还有别人的成功。"

可见，心怀嫉妒的人承受着双重折磨。所以，人生在世，一定要有一颗平和的心，切不可心怀嫉妒。人的嫉妒心像一把"双刃剑"，你举起它时，既伤害别人，也使得自己鲜血淋漓。

心理学研究证明，嫉妒心强的人易患心脏病，而且死亡率也高；而嫉妒心较少的人，心脏病的发病率和死亡率均明显低于前者，只有前者的 1/3 ~ 1/2。此外，如头痛、胃痛、高血压等，易发生于嫉妒心强的人身上，并且药物的治疗效果也较差。所以我们一定要放宽心胸，不要和别人、更别和自己过不去。

做下面的测试，看看你的嫉妒心是否强烈。

你正和朋友一起走在森林里，遇见了巫婆，被她的魔法变成了动物的样子。你被变成了狐狸，那么朋友会被变成什么动物呢？

A. 松鼠

B. 兔子

C. 熊

D. 鹿

选 A：你的嫉妒心较重，如果能发掘别人和自己的优点，嫉妒的强度也会自然地减弱；如果是自觉的嫉妒，其实是不要紧的；如果是不自觉的嫉妒，则会使你变得阴郁、可怕，所以要引起注意，调整自己的心理。

选 B：你会在不知不觉中嫉妒朋友，如为什么他的考试成绩都比我好之类的，不过一般说来，任何人都会有这种程度的嫉妒心。

选 C：你是大大咧咧的人，所以你是不会嫉妒别人的。这是因为有自信，所以才不会嫉妒别人。

选 D：选比自己还大的动物的人是宽容的。你不会嫉妒对方，而是会和朋友一起共享喜悦。

【反本能攻略】

弗朗西斯·培根说过："犹如野火毁掉麦子一样，嫉妒这恶魔总是在暗地里，悄悄地毁掉人间美好的东西！"一些人之所以嫉妒别人，一个重要的原因是自己不求上进，又怕别人超过自己，似乎别人成功了就意味着自己失败，最好大家都成矮子才显出自己高大。面对自己的嫉妒心，我们要将它早早地摒除在自己的心灵之外，以积极的心态去面对别人的优点。

施与爱心，体现生命价值

生命的最大价值是向他人施与爱心，我们的人生好坏往往不是由自己评定的。别人和社会是我们的参照物，我们只有学会付出，施与爱心，才能体现出我们的人生价值。对于一个有给予心的人来说，别人对于他所提供帮助的那些小事比他曾经做过的那些大事记得更清楚，在他脑海中会留下更深的印象。

英国诗人勃朗宁说："我是幸福的，因为我爱，因为我有爱。"从小到大，我们都生活在一个爱的世界里，每天都感受着来自周围的爱，这个世界如果没有爱，将会变成一片荒芜的沙漠。

有一位女子，她看到有3位留着长长的白胡子的老者站在她家的门前。她从来没有见过他们。她跟他们说："虽然我不认识你们，但我想你们一定饿坏了，如果不介意，就请进到里面来吃点东西吧！""男主人在家吗？"他们问道。"没有！"她说，"他出门了！""那我们不能进去。"他们回答说。

到了傍晚，她的丈夫回到了家，她告诉了他白天发生的事。"去告诉他们我回来了，让他们进来吧。"

于是，女子到外面邀请他们进屋。"我们不能一起走进一间房子。"他们说。"为什么呢？"她有点迷惑地问。

一位老人指着其中的一位回答说："他的名字叫'财富'，"接着他指着另一位说，"他是'成功'，而我是'爱'。你进去和你丈夫商量商量，你们想要我们哪一位进到你们家。"

这个女子走进屋子并告诉丈夫他们所说的话。她的丈夫笑着说："太好了！既然如此，我们就邀请'财富'进来，让他进来使我们家充满财富吧！"

女子不同意，对自己的丈夫说："亲爱的，为什么不邀请'成功'呢？"

他们的女儿在屋里听到他们的对话，也过来提出自己的建议："邀请'爱'进来不是再好不过的吗？我们家将因此充满了爱！"

　　"让我们接受女儿的建议吧！"丈夫说。

　　"好！邀请'爱'当我们的客人。"

　　女子走到外面，问那3位老人："哪一位是'爱'？请进来当我们今天晚上的客人吧！"

　　"爱"站起来并走向屋子，其他两位老人也站起来跟随着他。

　　女子惊讶地向着"财富"和"成功"说："我只请了'爱'，为什么你们也要进来？"

　　3位老者一起回答说："如果你只请'财富'或是'成功'，那么，另外两个人将留在外面。但是既然你邀请了'爱'，'爱'到哪里，我们就会跟到哪里。哪里有爱，哪里就会有财富和成功！"

　　爱是一粒种子，只要你把它种在自己心中，用心浇灌，它就会带给你美丽的果实——成功与财富。

　　只有施与爱心才能体现出生命的最大价值，这是追求成功者需要的感恩心态。爱的巨大力量可以巩固和完善我们的优良品

反本能：
怎样战胜人性的弱点和你的习以为常

格，懂得这一人生秘密的人往往抓住了通行世界的根本原则，能够认识到世间事物的美好，并过上幸福的生活。

无论发生什么，我们都应该用健康的、快乐的、乐观的思想去直面生命，都应该满怀希望，坚信生命中充满了阳光。传播成功思想、快乐思想和鼓舞人心思想的人，无论到哪里都敞开心扉，真诚地爱他人，去宽慰失意的人，安抚受伤的人，激励沮丧泄气的人。他们是世界的救助者，是负担的减轻者。施与别人的同时，我们也回报了自己。

【反本能攻略】

当关爱的思想治愈疾病、为创伤止痛的时候，当那些与此相反的心态带来痛苦、郁闷和孤独的时候，我们就真正领悟到了博爱的真谛。施与爱心，便是在你心中种下一粒美好的种子，让它成长为你人生价值的参天大树。

记住恩惠，洗去怨恨

著名作家阿里，有一次和吉伯、马沙两位朋友一起旅行。3人行经一处山谷时，马沙失足滑落，幸而吉伯拼命拉他，才将他救起。于是马沙在附近的大石头上刻下了："某年某月某日，吉伯救了马沙一命。"3人继续走了几天，来到一条河边，吉伯跟马沙为了一件小事吵起来，吉伯一气之下打了马沙一耳光。马沙跑到沙滩上写下："某年某月某日，吉伯打了马沙一耳光。"

当他们旅游回来之后，阿里好奇地问马沙，为什么要把吉伯救他的事刻在石头上，将吉伯打他的事写在沙滩上？马沙回答："我永远都感激吉伯救我，至于他打我的事，我会随着沙滩上字迹的消失而忘得一干二净。"

悲欢离合、嬉笑怒骂，人生总会有各种各样的情感，但这其中有好有坏。我们都想要快乐幸福，抛弃悲伤怨恨。那么，就应该学会包容，像马沙一样，将怨恨写在"沙中"，而将恩情刻在"石头上"。

宽容和博爱使人的心灵变得广阔无比，仇恨往往会使人永远处在愤怒和狂暴的阴影里。它不仅会烧伤别人，也会烧伤自己。

如果一个人不能很好地克服仇恨这一弱点，那就好像是戴着枷锁和脚镣登山。作茧自缚，让自己跌入黑暗的深渊之中。

当我们对敌人心怀仇恨的时候，就是赋予对方更大的力量来压倒我们自己，给他机会控制我们的睡眠、胃口、血压、健康，甚至我们的心情。结果这样，我们好像是给自己的敌人帮了一个大忙。仇恨伤不了对方一根毫毛，却把自己的生活变成了炼狱。

《圣经》上说："充满爱意的粗茶淡饭胜过仇恨的山珍海味。""如果有个自私的人占了你的便宜，把他从你的朋友名单上除名，但千万不要为仇恨而去报复。一旦你心存报复，对自己的伤害绝对比对别人的大得多。"这段话曾出现在纽约警察局的布告栏里。

【反本能攻略】

人生苦短，若是让怨恨充斥，那是多么可悲的一件事，它毁掉了我们原本美好的人生。但若宽容常存，便会留下一片美好的天地。而别人所给予我们的恩惠，让我们体会到人生的温暖与美丽，以及善良的魅力。所以，我们不要让怨恨蒙蔽了心，不要丢掉恩惠的温暖，用一颗海纳百川的包容之心看待过往：记住恩惠，洗去怨恨。

和他人共赢会赢得更多

历史上较特殊的一届奥运会是 1936 年的柏林奥运会。当时正是法西斯势力猖狂的年代，希特勒想借奥运会表明雅利安人种的优越性。

在纳粹一再叫嚣把黑人赶出奥运会的声浪下，当时田径赛的最佳选手是美国的杰西·欧文斯。欧文斯鼓足勇气报名参加此次运动会的100米跑、200米跑、4×100米接力和跳远比赛。在这4个项目中，德国只在跳远项目上有一位选手可与欧文斯抗衡，他就是鲁兹·朗。希特勒为此十分重视，并亲自接见鲁兹·朗，要他一定击败欧文斯——黑种人欧文斯。

为了给德国运动员打气，跳远预赛那天，希特勒亲临观战。鲁兹·朗顺利进入决赛。轮到欧文斯上场了，由于受到场外反对声浪的影响，他第一次试跳便踏线犯规；第二次他为了保险起见，在离起跳板很远的地方便起跳了，结果成绩非常糟糕；还有最后一跳，欧文斯一次次起跑，一次次迟疑，不敢完成最后的一跳。

希特勒认为这个"低劣"的黑种人已经没有任何机会了，于是他便退场了。在希特勒退场的同时，鲁兹·朗走近欧文斯，用结结巴巴的英语对欧文斯说，他去年也曾遇到同样的情形，他用了一个小窍门就把问题解决了：把毛巾放在起跳板后数英寸处，起跳时注意那个毛巾就不会有太大的误差了。欧文斯照做了，结果差点破了奥运会纪录。

决赛中，欧文斯以微弱优势战胜了鲁兹·朗，但他们都破了世界纪录。贵宾席上的希特勒脸色铁青，看台上本来狂热傲慢的德国观众也变得情绪低落。这时，鲁兹·朗拉住欧文斯的手，一起来到聚集了12万德国人的看台前，他将欧文斯的手高高举起，高声喊道:"杰西·欧文斯!杰西·欧文斯!"看台上先是一阵沉默,然后突然爆发出齐声的呼喊:"杰西·欧文斯!杰西·欧文斯!"欧文斯举起另一只手来答谢。等观众安静下来以后,欧文斯举起鲁兹·朗的手,竭尽全力喊道:"鲁兹·朗!鲁兹·朗!"全场观众也同时响应:"鲁兹·朗!鲁兹·朗!"所有在场的人都被这种奥林匹克精神所征服,没有了种族歧视,这个赛场上,两人都赢得了自己的比赛,并且赢得了更多。

杰西·欧文斯创造的世界纪录保持了 24 年。他在那届奥运会上荣获了自己所参加的全部项目的 4 枚金牌,被誉为世界上最伟大的运动员之一。多年后,杰西·欧文斯在回忆录中真诚地说,他所创造的世界纪录终究会被打破,但鲁兹·朗高高举起他的手的那一幕会永远被历史牢记。

杰西·欧文斯和鲁兹·朗两个人在奥林匹克历史上同样光彩照人。所不同的是,杰西·欧文斯的荣誉来自运动场内,是对他展示人类征服自然的能力的褒奖;而鲁兹·朗的荣誉则来自运动场外,是对他展示人类心灵之美的褒奖。

【反本能攻略】

很多人对于输赢的看法都是绝对化的,非此即彼,赢便是代表其他所有人都得输。运动场上非赢即输的角逐、学习成绩的排列向我们灌输"永争第一名"的思维方式,于是我们便只通过这副非赢即输的眼镜看人生,不能唤醒内在的醒悟,只为了争一口气，一辈子拼个你死我活，却从来不曾想到通过合作的手段让彼此得到更大的利益。

学会分享，微笑竞争

一个人学会与别人共享自己的力量，他的力量才能得到最充分地发挥。成功必须从理想开始，而理想是通过行动来实现的。成功的开始就在于我们独处时的所思所为，而真正成功的奉献则会凌驾于自私之上。圆通成熟的个性，不可避免地会在对服务人群的献身上表现出来，它开始时可能是一种内在的精神较量，继而向外寻求更广泛的支持和谅解。成功并不是我们独自拥有的，也不是行为的本身，它是用来判定我们自身价值的东西。成功最终必然会影响到他人和我们自己的生活。

当一个人能公开地承认并非自己能独立获得这些成就所以不能独享荣耀时，一种完美和谐的感觉会在其内心和人际关系中逐渐浮现。相互的感激与温暖的友谊使彼此不但共享成功的果实，且借由相互鼓励而不断地成长。

足球守门员知道球队的胜利不是他一个人的功劳，因为他知道队友在球场拼搏的重要性。因为有了队友的配合，球才不会轻易地被对方抢走，球队才可能取得好成绩。那些清楚这个事实，并能公开、大方地赞美队友的人是值得嘉许的，因为在他们身上具有令人赞赏的风度及雅量。

　　每位企业领导者都知道，企业的成功是全体员工一起努力的结果。大方地赞许这件事吧！感谢那些每天勤奋工作的人，为他们喝彩，称赞那些为这个团体而努力工作的人，因为嘉许员工、和他们分享成功，公司将会得到更多。

【反本能攻略】

　　要想获得成功，就要学会与人分享。即使在竞争中也是如此。

给别人说话的机会

　　某电气公司的约瑟夫·韦伯，在宾夕法尼亚州的一个富饶的荷兰移民地区做一次视察。"为什么这些人不使用电器呢？"经过一家管理良好的农庄时，他问该区的代表。"他们一毛不拔，你无法卖给他们任何东西，"那位代表厌恶地回答，"此外，他们对公司火气很大。我试过了，一点希望也没有。"也许真是一点希望也没有，但韦伯决定无论如何也要尝试一下，因此他敲了敲一家农舍的门。门打开了一条小缝，屈根堡太太探出头来。

　　"一看到那位公司的代表，"韦伯先生开始叙述事情的经过，"她立即就当着我们的面，把门砰的一声关起来。我又敲门，她又打开来；而这次，她把反对公司和对我们的不满一股脑儿地说出来。

"'屈根堡太太,'我说,'很抱歉打扰了您,但我们来不是向您推销电器的,我只是要买一些鸡蛋罢了。'

"她把门又开大一点,怀疑地瞧着我们。

"'我注意到您那些可爱的多明尼克鸡,我想买一打鲜蛋。'

"门又开大了一点。'你怎么知道我的鸡是多明尼克种?'她好奇地问。

"'我自己也养鸡,而我必须承认,我从没见过这么棒的多明尼克鸡。'

"'那你为什么不吃自己的鸡蛋呢?'她仍然有点怀疑。

"'因为我的来亨鸡下的是白壳蛋。当然,你知道,做蛋糕的时候,白壳蛋是比不上红壳蛋的,而我妻子以她的蛋糕自豪。'

"这时候,屈根堡太太放心地走出来,温和多了。同时,我的眼睛四处打量,发现这家农舍有一间修得很好的奶牛棚。

"'事实上,屈根堡太太,我敢打赌,你养鸡所赚的钱,比你丈夫养奶牛所赚的钱要多。'

"这下,她可高兴了!她兴奋地告诉我,她真的是比她的丈夫赚钱多,但她无法使那位顽固的丈夫承认这一点。

"她邀请我们参观她的鸡棚。参观时,我注意到她装了一些各式各样的小机械,于是我'诚于嘉许,惠于称赞',介绍了一些饲料和掌握某种温度的方法,并向她请教了几件事。顷刻间,我们就高兴地在交流一些经验了。

"不一会儿，她告诉我，附近一些邻居在鸡棚里装设了电器，据说效果极好。她征求我的意见，想知道是否真的值得那么干。

"两个星期之后，屈根堡太太的那些多明尼克鸡就在电灯的照耀下满足地叫唤了。我推销了电气设备，她得到了更多的鸡蛋，皆大欢喜。"

事情的要点就在于，如果韦伯先生不是让屈根堡太太自己说服自己的话，就根本没法把电器设备卖给她！给他人说话的机会，有时比自己唠叨不停更有价值。

1. 不要总是你在说

在生活中许多人常易犯这样的毛病，一旦打开话匣，就难以止住。其实，这样得不偿失，因为他们自己付出的太多，话说得多了，既费精力，又给他人传递的信息太多，还有可能伤害他人；另外，他们无法从他人身上吸取更多的东西，当然问题不在于别人太吝啬，而是他不给别人机会。看来，那些口若悬河的人确实该改改，否则会吃更多亏。尤其是推销员常犯这种划不来的错误。为了使多数人同意他们的观点，他们总是费尽口舌。让对方尽情地说话！他对自己的事业和自己的问题了解得比你多，所以向他提问吧，让他把一切都告诉你。

如果你不同意他的话，你也许很想打断他。不要那样做，那样做很危险。当他有许多话要说的时候，他不会理你的。因此，你要耐心地听下去，以开阔的心胸，诚恳地鼓励他充分地说出自己的看法。

当然，也不能只是听对方的谈话，自己偶尔也要跟着说几句，这一点非常重要。比如对方说："我对钓鱼很感兴趣。"这时如果能这样说："我没钓过鱼，但钓鱼一定很有意思吧"或"您能把钓到的鱼亲手做成菜吗"，这样对话就可以顺着自己的问话展开，谈话也就得以顺利地进行下去。可是，仅仅如此，还是不够的。

　　人们的交谈是按照一定的顺序进行的，不是想说什么就说什么，想什么时候说就什么时候说。交谈时说者和听者双方互相配合才能使谈话进行下去。按照说者和听者互换位置的规则，交谈才能够平稳地进行下去。这种规则好像交通规则一样，即使没有警察指挥，大家也都知道要红灯停、绿灯行。交谈的规则虽然没有交通规则那样明显，但也是要严格遵守的。

　　交流是双向的。在听完对方的谈话后，自己也要发表一些言论。比如可以这样说："我有一个亲戚，他是个钓鱼迷。"由此就可以自己说一些话题，使自己变成说者，对方变成听者。这样不断互换位置的谈话就好像投接球的练习一样，是交流取得成功的第一步。

　　2. 学会倾听

　　在美国，曾有科学家对同一批受过训练的保险推销员进行过研究。因为这批推销员接受同样的培训，业绩却差异很大。科学家取其中业绩最好的 10% 和最差的 10% 做对照，研究他们每次推销时自己开口讲多长时间的话。

研究结果很有意思：业绩最差的那一部分，每次推销时说的话累计为 30 分钟；业绩最好的 10%，每次累计只有 12 分钟。

大家想，为什么只说 12 分钟的推销员业绩反而好呢？

很显然，他说得少，自然听得多。听得多，对顾客的各种情况、疑惑、内心想法就了解得多，他自然会采取相应的措施去解决问题，业绩当然优秀。

【反本能攻略】

上帝造人的时候，为什么只给人一张嘴，却给人两个耳朵呢？那是为了让我们少说多听。

不要用个性的"刺"孤立自己

在 NBA 的历史中，有一位特别的球星罗德曼，他的职业生涯被自己的"个性"毁掉了。罗德曼先后效力过 5 支球队——底特律活塞队、圣安东尼奥马刺队、芝加哥公牛队、洛杉矶湖人队和达拉斯小牛队。罗德曼除了在湖人队和小牛队是混饭吃之外，在前 3 支球队，他都是有足够的能力"不辱使命"的。

1986—1993 年，罗德曼在底特律活塞队度过了 7 个赛季：在兰比尔等人的教导下，他虽然打球手段不够光彩，并且使自己有了"坏孩子"的称号，但他是在尽最大的能力为球队做贡献。

"我对当年的底特律活塞队还是抱着特别的感情。我们拥有一切，对我而言，那支队伍相当特别，因为那是我崛起的地方，也是我学习如何参与比赛的地方。"罗德曼曾这样感慨地回忆道。所以，底特律活塞队时期的罗德曼，是球队团结稳定、积极向上的一个因素。然而，当1993年罗德曼效力马刺队的时候，事情却发生了改变：他的特立独行、唯我独尊让马刺队吃尽了苦头。

他把一些人看成自己的敌人：首先，是戴维·斯特恩——NBA的总裁。因为斯特恩要维护NBA的形象，不允许罗德曼为所欲为，对罗德曼的很多行为都给予了处罚。这让罗德曼很不适应，他认为斯特恩干涉了自己的自由，所以他和斯特恩对着干。其次，是马刺队当时的主教练希尔以及球队总经理波波维奇。因为他们希望驯服罗德曼，使罗德曼听从指挥，在球场上发挥更大的作用。但当时的罗德曼已经获得了两个总冠军，自视甚高，他甚至希望教练听从他的指挥，这种矛盾便不可调和了。最后，是戴维·罗宾逊等球员。罗宾逊是马刺队的绝对核心和精神领袖，薪金比罗德曼高很多。但罗德曼认为罗宾逊高薪低能，在关键比赛中总会"脱线"，而自己这种能"左右"比赛胜负的选手却不受重用，挣的钱与实力不成正比。事实却是罗德曼无论在活塞队还是在马刺队，即使在公牛队，他挣的钱都不与他的名声成正比。

由于这种个性，罗德曼成为球队中的不稳定分子，或者说是一个破坏者。在1994—1995年赛季季后赛的第二轮比赛中，马刺队对阵湖人队。第三场比赛中，罗德曼在第二节被换下场，当时他很不满，在场边脱掉球鞋，躺在记者席旁边的球场底线前。暂停的时候，罗德曼也不站起来，不到教练面前听战术。后来，马刺队输掉了那场比赛。当时，摄像机一直对着罗德曼，这场比赛让马刺队的管理层大为恼怒，结合罗德曼平时的所作所为，他们认为罗德曼已经影响到了球队的团结，于是决定对罗德曼禁赛。在没有了罗德曼的马刺队，队员团结一致，在后来的比赛中打败了湖人，报了一箭之仇。

从结果来看，马刺队对罗德曼禁赛的决策是正确的。

但是由于马刺高层对罗德曼还抱有幻想，没有真正认识到他的破坏力，在西区决赛中，又重新起用罗德曼。但此时的罗德曼已经对禁赛怀恨在心，根本不可能全心全意地为球队做贡献了。

决赛前，球队有3天的备战调整时间，但罗德曼却在那3天的空当里到拉斯维加斯赌博去了。后来经过百般劝说，他回到球队，但在比赛中，他却不听主教练的战术安排，独断专行；在球队失利后，他还在休息室里对所有人大肆咆哮，结果，火箭队获得了最终的胜利，并获得了那个赛季的总冠军。

鉴于罗德曼的种种恶习，马刺高层对他彻底失望了。赛季结束后，他们便将罗德曼扫地出门。

罗德曼的个性养成有一定的客观原因，童年的不幸使得他的性格叛逆、行为乖张。但更主要的，是主观上的以自我为中心，不是自己适应球队，而是要球队来适应他。

罗德曼用个性的"刺"把自己和团队隔离开，造成的结果是两看相厌的双输。归根结底，这种所谓的"个性"其实是一种自私的"以自我为中心"。

过多以自我为中心的人，想问题和做事情都从"我"出发，希望别人都围着他转，不能设身处地地站在别人的立场上考虑问题。这种人往往有好处就上，有困难就让，有错误就推，有功劳就抢，总认为自己永远正确；在与人交往中自私自利、患得患失，不懂得关心和尊重别人，有时甚至会伤害别人；还可能表现为对人冷漠，甚至敌对。这种心态和行为会严重阻碍与别人的顺畅交往，不可能赢得他人的好感和信任。

以自我为中心的人片面强调"自我需求"，追求狭隘的"自我实现"；只强调享有的权利，而不考虑自己的社会责任。其往往会陷入以自我为中心的旋涡，在考虑个人利益的时候，对自己的社会责任置之不理。

【反本能攻略】

自私自利不能称为真正的个性，如果有这个倾向，会导致人心胸狭隘、目光短浅，也注定成不了大气候，做不了大事，所以必须抵制和克服。

反本能：
怎样战胜人性的弱点和你的习以为常

真诚的礼貌，让你成为受欢迎的人

中国有"君子不失色于人，不失口于人"的古训，意思是说，有道德的人待人应该彬彬有礼，不能态度粗暴，也不能出言不逊。

美好的行为比美好的外表更有力量，美好的行为比形象和外貌更能带给人快乐。礼貌是一种精美的人生艺术。对所有的人都以礼相待，尊重每一个人，这样的人才能更受欢迎，人们才更愿意与之交往；而忽略了基本的礼仪，则会给人留下无礼的印象，让别人对你的好感大打折扣。

一天黄昏时分，一个年轻人骑马赶路，迎面走来一位老人。年轻人勒住马缰，在马上高喊："喂，老头儿，离客栈还有多远？"老人回答："五里。"年轻人策马飞奔，跑了十多里仍不见

人烟，暗想：这老头儿真可恶。五里，五里，哪里只有五里！

年轻人喃喃自语，猛然醒悟："五里"不是"无礼"的谐音吗？问路不讲礼貌，怎么能得到正确答复呢？于是他掉转马头往回赶，发现老人还在原地等候。年轻人赶紧翻身下马，恭敬地叫了一声"老伯"。话没说完，老人就说道："天色已晚，如不嫌弃，可到我家一住。"年轻人前后的态度不同，老人的回复态度也不同。由此可见礼貌在人际关系中的重要作用。

要学会礼貌待人，就应在小事上养成良好的习惯。礼貌是一个人内在修养的体现，是你在任何时候都应该做到位的，不能因为场合变化就放纵自己，要时刻提醒自己注意仪表和礼貌用语，多说"请""谢谢""你好"等礼貌用语。用真诚的礼貌塑造精美的人生艺术，才能为你经营良好的人际关系增加砝码。

【反本能攻略】

歌德说："行为举止是一面镜子，人人在其中显示自己的形象。"如果你想拥有良好的社交，那就一定要使自己的举止行为规范化，做到优雅大方、稳健从容、表里如一、不卑不亢。

反本能：
怎样战胜人性的弱点和你的习以为常

第六章

反本能之树立自信

——走出自卑畏难的泥潭

甩掉忧虑的包袱

忧虑是一种过度忧愁和伤感的情绪体验。忧虑在情绪上表现出强烈而持久的悲伤，觉得心情压抑和苦闷，并伴随着焦虑、烦躁及易激怒等反应。在认识上表现出负性的自我评价，感到自己没有价值，生活没有意义，对未来充满悲观；还表现在对各种事物缺乏兴趣，依赖性增强，活动水平下降，回避与他人交往，并伴有自卑感，严重者还会产生自杀的念头。

你能猜出下面的诗是谁写的吗？

"这个人很欢乐 / 也只有他能欢乐 / 因为他能把今天 / 称之为自己的一天 / 他在今天里能感到安全 / 能够说 / 不管明天会多么糟 / 我已经过了今天。"

这几句诗听起来很现代，但它的作者是古罗马诗人贺拉斯，时间是在耶稣诞生的 30 年之前。

我们都梦想着天边有一座奇异的玫瑰园，而不去欣赏今天开放在我们窗口的玫瑰。

我们为什么会变成这种可怜的傻子呢？"我们生命的小小历

程是多么奇怪啊，"史蒂芬·李高克写道，"小小孩说，'等我是个大孩子的时候'。大小孩说，'等我长大成人以后'。等他长大成人了，他又说，'等我结婚以后'。可是结了婚，他的想法又变成了'等到我退休之后'。等到退休以后，他回头看看他所经历过的一切，似乎有一阵冷风吹过来。他把所有的东西都错过了，而一切又一去不回头。我们总是无法及早学会：生命就在生活中，就在每一天和每一时刻里。"

一个人为什么会忧虑，其产生原因是多方面的，但主要是自我造成的。正像英国作家萨克雷所说的："生活就是一面镜子，你笑，它也笑；你哭，它也哭。"忧虑也与一个人的社会经验的多寡有关。对社会、对他人的期望过高，并且对实现美好愿望的艰巨性、复杂性又估计不足，于是当愿望与现实之间出现巨大落差时，即产生失落感，进而失望、失意或忧虑。

20世纪60年代，意大利一个康复旅行团体在医生的带领下去奥地利旅行。在参观当地一位名人的私人城堡时，那位名人亲自出来接待。他虽已80岁高龄，但依旧精神焕发、风趣幽默。

他说："各位客人来这里打算向我学习，真是大错特错，应该向我的伙伴们学习：我的狗巴迪不管遭受如何惨痛的欺凌和虐待，都会很快地把痛苦抛到脑后，热情地享受每一根骨头；我的猫赖斯从不为任何事发愁，它如果感到焦虑不安，即使是最轻微的情绪紧张，也会去美美地睡一觉，让焦虑消失；我的鸟莫利最懂得忙里偷闲、享受生活，即使树丛里吃的东西很多，它也会吃一会儿就停下来唱唱歌。相比之下，我们人却总是自寻烦恼，人不是最笨的动物吗？"

这位老人是快乐的，因为他懂得怎么扫除忧虑。忧虑的人也许是各有各的忧虑，但快乐的人都是相似的。他们在面对人生的各种选择之时，总会选择让自己快乐的那一种。

忧虑是健康的杀手。曾写过《神经性胃病》一书的约瑟夫·蒙坦博士说："胃溃疡的产生，其实不在于你吃了什么，而在于你忧虑什么。"也有医学博士认为："胃溃疡通常是根据人情绪紧张的程度而发作或消失的。"之所以得出这样的结论，是因为许多专家在研究了梅育诊所胃病患者的记录之后得到证实，有4/5的病人得胃病并非是生理因素，而是由于恐惧、忧虑、憎恨、极端的自私以及对现实生活的无法适应。

柏拉图说过："医生所犯的最大错误在于，他们只治疗身体，不医治精神。但精神和肉体是一体的，不可分开处置。"

忧虑对一个人具有一定的危害性，在生活中，一个经常处于忧虑状态的人需要从以下3个方面进行心理治疗：

1. 要积极参与现实生活

要认真地读书、看报，了解并接受新事物，积极参加社会活动，学会从历史的高度看问题，顺应时代潮流，不要老是站在原地思考。

2. 要学会在过去与现实之间寻找最佳结合点

如果对新事物立刻接受有困难，可以在新旧事物之间找一个突破口，从新旧结合做起。

3. 充分发挥适当忧虑的积极功能

适当忧虑有一种让人深刻反思和不满于现状的积极功能。这方面的功能多一些，那么病态的过度忧虑就会减少。因此，也不应对忧虑行为一概反对，适当忧虑还是正常的。

下面来做一个小测试，看看你的忧虑程度如何？以下有 12 道题，请你从选项中选择适合你的一项。

1. 请选择适合你的一项：

A. 我不感到悲伤

B. 我感到悲伤

C. 我始终悲伤，不能自已

D. 我太悲伤或不愉快，不堪忍受

2. 请选择适合你的一项：

A. 我从各种事件中得到很多满足

B. 我不能从各种事件中感受到乐趣

C. 我对一切事情不满意或感到枯燥无味

D. 我并不满足，也不觉枯燥

3. 请选择适合你的一项：

A. 我不感到内疚

B. 我在相当长的时间里感到内疚

C. 我在大部分时间里觉得内疚

D. 我在任何时候都觉得内疚

4. 请选择适合你的一项：

A. 我没有觉得受到惩罚

B. 我觉得可能会受到惩罚

C. 我预料将受到惩罚

D. 我觉得正在受惩罚

5. 请选择适合你的一项：

A. 我对自己并不失望

B. 我对自己感到失望

C. 我讨厌自己

D. 我恨自己

6. 请选择适合你的一项：

A. 我觉得自己并不比其他人更不好

B. 我要批评自己的弱点和错误

C. 我在所有的时间里都责备自己的错误

D. 我责备自己把所有的事情都弄坏了

7. 请选择适合你的一项：

A. 我没有任何想弄死自己的想法

B. 我有自杀想法，但我不会去做

C. 我想自杀

D. 如果有机会我就自杀

8. 请选择适合你的一项：

A. 我现在哭泣与往常一样

B. 我比往常哭得多

C. 我现在一直想哭

D. 我过去能哭，但现在想哭也哭不出来

9. 请选择适合你的一项：

A. 和过去相比，我现在生气不多

B. 我现在比往常更容易生气发火

C. 我觉得现在所有的时间都容易生气

D. 过去使我生气的事，现在一点都不能使我生气

10. 请选择适合你的一项：

A. 和过去相比，我对别人的兴趣减少了

B. 我对其他人没有失去兴趣

C. 我对别人的兴趣大部分失去了

D. 我对别人的兴趣已全部丧失

11. 请选择适合你的一项：

A. 我做决定和往常一样好

B. 我推迟做决定的时候比过去多了

C. 我做决定比以前困难多了

D. 我再也不能做决定了

12. 请选择适合你的一项：

A. 我工作和以前一样好

B. 要着手做事，我现在需要额外花些力气

C. 无论做什么，我必须努力催促自己才行

D. 我什么工作也不能做了

测试结果：

选择 A 占了 10 个以上：忧虑基本与你无关，你很知足快乐。

选择 B 占了多数：你有轻度忧虑，不十分严重。

选择 C 占多数：你已经有抑郁的毛病，需要及时调整。

选择 D 占多数：你患有严重的抑郁症，如果再不治疗，会发生危险！

【反本能攻略】

由于现代生活的节奏加快，各种信息铺天盖地地占满了我们的生活空间，在大脑一刻不得闲的情况下，精神首先感到的是这种无形的巨大压力，各种忧虑也随之而来。其实在我们产生的忧虑中大多是没有必要或不值得忧虑的，忧虑就如同散布在你生活的空气中的细菌一样，时刻威胁到我们的健康。但是与其他疾病不同的是，它是一个隐形杀手，你能感到它的存在，却看不到它的形状。消除它的方法也很简单，只要你的大脑不让它停留，那么它在你的心中便无法藏身。

撕破恐惧的面纱

恐惧是人类最大的敌人。不安、忧虑、嫉妒、愤怒、胆怯等，都是恐惧的表现。恐惧剥夺人的幸福与能力，使人变为懦夫；恐惧使人失败，使人流于卑贱；恐惧比什么东西都可怕。

恐惧能摧残一个人的意志和生命。它能影响人的消化系统、伤害人的修养、减少人的生理与精神的活力，进而破坏人的身心健康；它能打破人的希望、消退人的意志，使人的心力衰弱至不能创造或从事任何事业。

一个美国电气工人，在一个周围布满高压电器设备的工作台上工作。他虽然采取了各种必要的安全措施来预防触电，但心里始终有一种恐惧，害怕遭高压电击而送命。

有一天，他在工作台上碰到了一根电线，立即倒地而死，他身上表现出触电致死者的一切症状：身体皱缩起来，皮肤变成了紫红色与紫蓝色。但是，验尸的时候发现了一个惊人的事实：当那个不幸的工人触及电线的时候，电线中并没有电流通过，电闸也没有合上——他是被自己害怕触电的自我暗示杀死的。

故事中的主人公是被自己杀死的，是被自己的恐惧杀死的。每个人都有自己惧怕的事情或情景，而且不少事物或情景是人们普遍惧怕的，如怕雷电、怕火灾、怕地震、怕生病、怕失恋等。但是，有的人的恐惧异于正常人，如一般人不怕的事物或情景，他怕；一般人稍微害怕的，他特别怕。这种无缘无故的与事物或情景极不相称、极不合理的异常心理状态，就是恐惧心理。它是一种不健康的心理，严重的恐惧心理会形成恐惧症。

恐惧心理，会严重影响一个人的学习、工作、事业和前途。为了自己的健康和进步，有严重恐惧心理的人必须下定决心，鼓足勇气，努力战胜自己不健康的恐惧心理。

一位心理学家说得好："愚昧是产生恐惧的源泉，知识是医治恐惧的良药。"的确，人们对异常现象的惧怕，大多是由于对恐惧对象缺乏了解和认识引起的，所以通过掌握更多的科学知识可以有效减轻恐惧心理。

经常主动接触自己所惧怕的对象，在实践中去了解它、认识它、适应它、习惯它，就会逐渐消除对它的恐惧。例如，有的人惧怕登高、惧怕游泳、惧怕猫、惧怕毛毛虫等。害怕异性，可以尝试勇敢地去和异性交流，只要经常多实践、多观察、多锻炼、多接触，就会增长胆识，消除不正常的恐惧感。

把注意力从恐惧对象转移到其他方面，也可以减轻或消除内心的恐惧。例如，要克服在众人面前讲话的恐惧心理，除了多实践、多锻炼外，每次讲话时把自己的注意力从听众的目光、表情转移到讲话的内容上，再配合"怕什么！"等积极的心理作用，心情就会变得比较镇静，说话也能比较轻松自如了。

哈佛学者马尔登曾说过："人们不安和多变的心理，是现代生活多发的现象。"他认为，恐惧是人生命情感中难解的症结之一。面对自然界和人类社会，生命的进程从来都不是一帆风顺、平安无事的，总会遭到各种各样、意想不到的挫折、失败和痛苦。当一个人预料将会有某种不良后果产生或受到威胁时，就会产生这种不愉快情绪，并为此紧张、不安、忧虑、烦恼、担心、恐惧，程度从轻微的忧虑一直到惊慌失措。最坏的一种恐惧，就是常常预感着某种不祥之事的来临。这种不祥的预感，会笼罩着一个人的生命，像云雾笼罩着爆发之前的火山一样。

克服恐惧看起来非常困难，改变却在一念之间。其实，生活中有很多恐惧和担心完全是由我们内心想象出来的，想要驱除它必须在潜意识里彻底根除它。拿出勇气与行动来，就当是摘掉"胆小鬼"的帽子吧。

告别恐惧的心理，才能爆破发出强烈而持久的创造力，否则我们将在极度恐慌中度过一年又一年，终无所成，还累坏了繁忙的大脑，让心脏承受不必要的负担。

将"我不能"埋进坟墓

经常把"我不行""我不能"挂在嘴边，是一种十分愚蠢的做法。这是因为心理暗示的作用是巨大的，认为自己"不行"就相当于给了自己一个消极的心理暗示，时间长了，你真的会朝着那个方向发展。

2008年1月4日，美国艾奥瓦州举行了总统选举的第一次全国预选会议。奥巴马出奇制胜，获得了巨大的成功。在获胜后，这位黑人总统候选人发表了一次精彩的演说，这次演说，也将奥巴马的自信充分展露。

奥巴马用言简意赅的语言向国人阐述了自己的执政预想：

"我会是这样的一位总统：让每一个人都能看得上病，看得起病。

"我会是这样的一位总统：让农场主、科学家和商人充分发挥创造力，使我们的国家早日摆脱石油的束缚。

"我会是这样的一位总统：结束伊拉克战争并让我们的士兵

回家，恢复我们的道德地位。"

从一开始，奥巴马就用这样强势的语言表明了自己的态度，而他的自信自然赢得了选民的信赖。不过，奥巴马把自信和责任联合在一起，让我们看到了这位总统强大的感染力。

如果奥巴马不是一个十分自信的人，他不可能在接受提名时就这样告诉选民："作为总统，我将定下这个明确的目标。"也就不可能成为美国历史上的第一个非白人总统。

但在我们的身边经常有这样的声音，"我不能""我不行"甚至成了一些人的口头禅。你真的不可能拿到第一吗？不一定。

其实，这是因为心理暗示的作用是巨大的，认为自己"不行"就相当于给了自己一个消极的心理暗示，你的意识就会接受这个指令，只要你的意识下命令，你的潜意识就不会和你争辩，它会完全接受这

个命令，它像个无知的小孩，听不懂"玩笑"话，从而"我不行"就会逐渐地渗入你的潜意识中。时间长了，你真的会朝着那个方向发展。

【反本能攻略】

自信能唤醒人们内心沉睡的潜质，自信多一分，成功多十分。当你对自己有信心的时候，你就发现做什么都会无比顺畅；而如果你总是对自己说不能，不相信自己，那么你就会惊讶地发现，即使是你原本擅长的事，也会渐渐变得生疏，甚至会失败。

乐观源于自我肯定

许多看似与快乐联系在一起的因素——财富、盛名和好运——其实只是假象。研究发现，在美国和欧洲，财富与乐观之间的相互联系微乎其微——事实上几乎没有联系。甚至连那些巨富也比普通人快乐不了多少。

真正的乐观心态，其实与外在无关，它更多的是源于内心，源于对自己的肯定。

有这样一则寓言：

一天，皇帝独自在花园散步，但他惊讶地发现，花园里所有的植物都枯萎了，一片荒凉。原来橡树由于没有松树那么高大挺拔，轻生厌世死了；松树因自己不能像葡萄那样结许多果子，也死了；葡萄哀叹自己终日匍匐在架上，不能直立，不能像桃树那样开出美丽可爱的花朵，于是也死了；牵牛花也病倒了，因为它叹息自己没有紫丁香那样芬芳；其余的植物也都垂头丧气，无精打采，只有细小的心安草在茂盛地生长。

皇帝问道："小小的心安草，别的植物全都枯萎了，为什么你这么勇敢乐观，毫不沮丧呢？"

心安草回答说："皇帝啊，我一点儿也不灰心和失望，因为我知道，如果皇帝您想要一棵橡树，或者一棵松树、一丛葡萄、一株桃树、一株牵牛花、一棵紫丁香等，您就会叫园丁把它们种上，您希望于我的就是要我安心做小小的心安草。"

正是由于心安草不自我贬低，肯定自我，才能够在花园中快乐地成长。做人就应该像心安草这样，而不是像园里的其他植物，一味地看到别人的长处，看不到自己的优点而贬低自己。连自己都无法认清、失去自信的人，也就无法拥有乐观的心态。

【反本能攻略】

乐观如此简单，只要找到自己值得肯定的地方，用自信驱走那些悲观、那些遗憾，你就可以快乐地面对这个世界。

走出消极空虚的心理黑洞

有这样一则寓言，两兄弟相伴去遥远的地方寻找人生的幸福和快乐，一路上风餐露宿，在即将到达目的地的时候，他们遇到了一条风急浪高的大河，河的彼岸就是幸福和快乐的天堂。关于如何渡过这条河，两个人产生了不同的意见，哥哥建议采伐附近的树木造一条木船渡过河去，弟弟则认为无论用哪种办法都不可能渡过这条河，与其自寻烦恼和死路，不如等这条河流干了，再轻轻松松地走过去。

于是，建议造船的哥哥每天砍伐树木，辛苦而积极地制造船只，并学会了游泳；而弟弟则每天躺着睡觉，然后到河边观察河水流干了没有。直到有一天，已经造好船的哥哥准备扬帆的时候，弟弟还在讥笑他愚蠢。

不过，哥哥并没生气，临走前只对弟弟说了一句话："去做每一件事不一定都成功，但不去做则一定没有机会成功！"

大河终究没有干涸，而造船的哥哥经过一番风浪最终到达了彼岸。两人后来在河的两岸定居了下来，也都有了自己的子孙后代。河的一边是幸福和快乐的沃土，生活着一群积极进取的人；河的另一边则是失败和失落之地，生活着一群消极空虚的人。

由此可见，积极和消极两种截然相反的心态会带给人们多大的反差。

在生活中，我们经常看到有些人表情沮丧、精神萎靡，他们似乎想告诉人们，他们是多么消极。一般说来，具有消极心态的人会有各种沮丧的表现，轻者食欲下降、失眠、嗜睡、懒动，或觉得自己比平时更敏感、更爱哭等；重者自我意识消极，时常自怨自艾，或心境悲哀、待人冷漠。

消极是由沮丧的情绪感受或对生活的不满意，或是经常遭受挫折引起的，它如同感冒一样会影响生活的乐趣。对其放任不管，会使情绪进一步恶化，还极有可能转化为慢性抑郁症。

有这样一种说法，人的躯体好比一辆汽车，思想态度便是这辆汽车的驾驶员，如果你整天无所事事、空虚无聊，没有理想、没有追求，那么，你就根本不知道驾驶的方向，这辆车也就必定会出故障，甚至报废。

很多心理专家都这样告诫人们，精神和内心的空虚对身心健康无益。空虚就像一只无形的手，无情地控制着你，吞噬了你所有的欢乐，反刍给你所有的孤独和寂寞。它消磨你的意志，打击你的信心，使你失去尊严，它给了你更多的时间和机会去咀嚼失败的滋味。

当一个人空虚到一定程度时，精神世界就会一片空白，没有信念，没有寄托，百般无聊，如同行尸走肉。

【反本能攻略】

空虚虽然可怕，但它并非不能被打倒。大量事实表明，空虚并不是什么大不了的心理疾病，它只是一种阶段性的心理异常，只要认真地调适，便能把这个阶段"填满"。空虚就像是罩在我们头上的一层乌云，不论形状多么好看或难看，总有一天它会消散。与其盯着消极的方面，不如锻炼自己的身体，舒展自己的身心，积极向上地为理想而追求。乌云终会消散，我们的心灵也会因为积极地努力而慢慢地充实起来。

乐观的性格让你笑对人生风云

人生如同一艘在大海中航行的帆船，掌握帆船的航向与命运的舵手便是自己。有的帆船能够乘风破浪，逆水行舟，而有的却经不住风浪的考验，过早地离开大海，或是被大海无情地吞噬。之所以会有如此大的差别，不在别的，而是因为舵手对待生活的态度不同。前者被乐观主宰，即使在浪尖上也不忘微笑；后者是悲观的信徒，即使起一点风也会让他们胆战心惊，祈祷好几天。一个人或是面对生活闲庭信步，抑或是消极被动地忍受人生的凄风苦雨，都取决于对待生活的态度。

生活如同一面镜子，你对它笑，它就对你笑；你对它哭，它也对你哭。

一个人快乐与否，不在于他处于何种境地，而在于他是否持有一颗乐观的心。对于同一轮明月，在泪眼蒙眬的柳永那里就是："杨柳岸，晓风残月。此去经年，应是良辰好景虚设。"而到了潇洒飘逸、意气风发的苏轼那里，便又成为："但愿人长久，千里共婵娟。"同是一轮明月，在不同心态的人眼里，便是不同的，人生也是如此。

上天不会给我们快乐，也不会给我们痛苦，它只会给我们生活的作料，调出什么味道的人生，那只能在我们自己。你可以选择从一个快乐的角度去看待它，也可以选择从一个痛苦的角度去看待它，同做饭一样，你可以做成苦的，也可以做成甜的。所以，你的生活是笑声不断，还是愁容满面；是披荆斩棘、勇往直前，还是缩手缩脚、停滞不前，这不在他人，都在你自己。

一个人如果心态积极，乐观地面对人生，乐观地接受挑战和应付麻烦事，那他就成功了一半。

只有乐观自信的人，才能在别人悲观时，看到生活美好的一面，那就如同朝阳和婴儿一样是有希望的。

在人生的旅途上，我们必须以乐观的态度来面对失败。因为在人生之路上，一帆风顺者少，曲折坎坷者多，成功是由无数次失败构成的，正如美国通用电气公司创始人沃特所说："通向成功的路就是：把你失败的次数增加一倍。"但失败对人毕竟是一种"负性刺激"，总会使人产生不愉快、沮丧、自卑。那么，如何面对、如何自我解脱，就成为能否战胜自卑、走向自信的关键。

【反本能攻略】

面对挫折和失败，唯有乐观积极的心态才是正确的选择。其一，做到坚韧不拔，不因挫折而放弃追求；其二，注意调整、降低原先脱离实际的"目标"，及时改变策略；其三，用"局部成功"来激励自己；其四，采用自我心理调适法，提高心理承受能力。

告诉自己：只要去做，没什么不可能

没有谁一生可以一帆风顺，不经历一点儿风浪，也没有人生下来就是失败者。然而，如果动不动就"哭哭啼啼""还想要自杀"，却不相信可以凭借自己的力量去战胜困难，那样是"没有出息"的！可见，自卑和懦弱是成功最大的阻碍，如果让自卑泛滥，你将永远生活在悲剧的旋涡里出不来。只有战胜自卑和懦弱，你才能变得自信、勇敢，最终走向成功。

其实，强者不是天生的，强者也并非没有软弱的时候，强者之所以成为强者，正在于他们善于战胜自己的软弱。尽量不要理会那些使你认为你不能成功的疑虑，勇往直前，即使有可能失败也要大胆去做，其结果往往并非真的会失败。久而久之，你将从紧张、恐惧、自卑的束缚中解脱出来。医治自卑的良药就是：不甘自卑，发愤图强，把"我不能"变成"我能"。

其实，战胜自卑也没有那么难，因为自信是可以培养的，它不一定需要你有多大的能耐、多高超的技艺，哪怕只是一个小小的优点，都可以帮你找到自信。

一个青年，穷困潦倒，独自流浪到巴黎。他找到父亲的一个旧友，希望他能帮自己找一份谋生的差事。

"数学精通吗？"父亲的朋友问他。青年羞涩地摇头。

"历史、地理怎么样？"青年还是不好意思地摇头。

"那法律呢？"青年窘迫地垂下头。

"会计怎么样？"父亲的朋友接连发问，青年都只能摇头告诉对方——自己似乎一无所长，连丝毫的优点也找不出来。

"那你先把自己的住址写下来吧，我总得帮你找一份事做呀。"

青年羞愧地写下了自己的住址，急忙转身要走，却被父亲的朋友一把拉住了："年轻人，你的字写得很漂亮嘛，这就是你的优点啊，你不该只满足于找一份糊口的工作。"

把名字写好也算一个优点？青年在对方眼里看到了肯定的答案。

"哦，我能把名字写得叫人称赞，那我就能把字写漂亮，能把字写漂亮，我就能把文章写得

好看……"受到鼓励的青年，一点点地放大着自己的优点，兴奋使他的脚步立刻轻松起来。

数年后，青年果然写出了享誉世界的经典作品，他就是法国19世纪家喻户晓的著名作家大仲马。

世间许多平凡之辈，都拥有一些诸如"能把名字写好"这类小小的优点，但出于自卑等原因常常将之忽略了，更不要说是一点点地放大它了，这实在是人生的遗憾。须知，每个平淡无奇的生命中，都蕴藏着一座金矿，只要肯挖掘，沿着哪怕是微乎其微的一丝优点的暗示，也会挖出令自己都惊讶不已的宝藏。

其实，我们完全没有必要自卑，正如每一片树叶都有自己的风景一样，每个人也都有自己独特的地方。因此，你没有必要去艳羡别人的优点，也没有必要觉得自己一无是处。伟大的推销员史勒格曾经说过："在我们真实的生命里，每一桩伟大的事业都是由信心开始的，信心是我们跨出第一步的动力，是驱散内心恐惧的阳光。"人要取得成功，首先要对自己有信心，有了自信，才有了战胜一切困难的勇气。

【反本能攻略】

也许你不是这个世界上最聪明的人，最有指望获得成功的人，但是你一定要相信自己是最优秀的，可以做得比别人更好。只要你有足够的自信心并且不断努力，告诉自己，只要去做，就没有什么不可能。

第七章

反本能之学会坚持

—— 做事别总是三分钟热度

用耐力走出逆境的泥潭

骆驼不会像马那样奔驰，鸽子也不会像海燕那样遨游。但鸽子和骆驼相比，同样都有耐力。即使是漫卷的黄沙和凶猛的台风在它们面前也都为之失色。

在这个世界上，没有任何东西可以替代忍耐力：教育不能替代，父辈的遗产和有力者的垂青也不能替代，而命运则更不能替代。

忍耐力可以使柔弱的女子养活她的全家；忍耐力使穷苦的孩子努力奋斗，最终找到生活的出路；忍耐力使残障人能够靠着自己的辛劳养活他们年老体弱的父母……

忍耐力，就是把痛苦的感情控制住，它是意志顽强的表现。忍耐力首先表现在对来自外界的压力所展示出的承受能力。在面对问题时，对困难、痛苦、挫折有长久的承受力，对突发事件，在情绪上能够控制住自己，不大悲大喜，有足够的自制力。

战胜人生的逆境，需要超强的忍耐力。其实，这个过程从本质上来说，就是耐力的较量。这个世界上从来都不乏逆境成才的例子，从某种意义上来看，那些忍耐力强大的人正是因为经历了

反本能：
怎样战胜人性的弱点和你的习以为常

逆境才会获得成功。

美国前总统亚伯拉罕·林肯在没当上总统之前一直经历失败的打击。

1832 年，林肯失业了，但是他没有气馁，他决心要做一名政治家，当州议员。可糟糕的是，林肯竞选失败了。在一年的时间里，连续遭遇两次人生的滑铁卢是痛苦的，但是林肯并没有向生活投降。

紧接着，林肯着手创办自己的企业，还不到一年的时间，这家企业就倒闭了。在随后的 17 年里，林肯不得不为自己的债务到处奔波。随后，林肯又一次参加州议员竞选，没想到居然成功了，这让屡受打击的林肯看到了希望。

1835 年，林肯订婚了，可就在离结婚还有几个月的时候，未婚妻不幸去世了。这让林肯的精神备受打击，为此他卧床数月。1836 年，他患上了神经衰弱。直到 1838 年，他的身体才有所好转，于是他又开始参加州议会议长竞选，但是天不遂人愿，最终还是失败了。1843 年，林肯又参加美国国会议员竞选，仍然没有成功。

此时，林肯的生活糟糕到了极点——企业倒闭、竞选失败、未婚妻离世，但是林肯没有放弃，他还要继续自己的事业，继续为理想而奋斗。

1846 年，他又一次参加美国国会议员竞选，这一次，他终于幸运地当选了。两年以后，任期到了，林肯开始谋划连任，因为他觉得自己在议员的位置上，一直表现良好。他也相信选民还会继续支持他。可是，林肯又一次尝到了失败的滋味。

此次竞选让林肯赔了一大笔钱，为此，林肯去申请本州的土地官员。但是州政府把他的申请退了回来，上面指出："做本州的土地官员要求有卓越的才能和超常的智力，你的申请未能满足这些要求。"然而，林肯还是没有认输。1854年，他继续参加议员竞选，结果又以失败告终；两年后，他竞选美国副总统提名，结果被对手击败；又过了两年，他再一次竞选参议员，还是失败了。但是林肯一直没有放弃自己的追求，1860年，他最终当选了美国总统。

强者是在失败中造就的。成功是一个漫长而艰苦的过程，胜利者往往是那些能够坚持到最后的人，他们的成功并非完全依靠智力，而更多的是耐力，即绝不投降、绝不认输的精神。成功的人并非一定是最聪明的人，但一定是在所有人都放弃的时候，还能继续坚持的人。

【反本能攻略】

生活中，我们很容易受到消极因素的影响，如畏惧失败带来的伤痛，对挫折产生恐惧感，或是害怕别人的嘲笑等，这些消极的心理会挫伤我们的斗志。我们要切实着眼于要做的事，增加耐力，心怀永不放弃、永不服输的精神，最终走出逆境的泥潭，获得自信。如此才能处于自信、成功的良好循环当中。

咬牙坚持下去，成功就会在终点出现

忍耐力是自控力的一种。我们可以把忍耐力比喻为电池，其释放能量的大小取决于它的容量和疏导系统。忍耐力可以使能量不断地积聚，稳定地提供前进的动力。在某个事件或者某种特殊的情况刺激下，一个人可能会表现出极强的忍耐力，它可以调控个人全部的力量，形成个人巨大的爆发力。从这个意义上讲，忍耐力是一种长期积累起来的能力。

其实，99% 的人失败，往往是因为在最后关头他们放弃了，正如古希腊哲人苏格拉底所说："许多赛跑者的失败，都是失败在最后几步。一路跑来已经不容易，跑到尽头当然更困难。"哈佛学子的成功就来自他们内心的一份坚持，面对种种诱惑，他们没有放弃自己内心的追求，持久的忍耐让大多数哈佛学子成为最后的赢家！

持久的忍耐力是获胜的基石。没有长久的坚持，就不可能做出超人的成就。

西奥多·罗斯福就很好地诠释了"耐力"二字。

罗斯福小时候患了严重的哮喘病，这让他非常痛苦。医生说，呼吸加重了心脏的负担，这个孩子的生命将会非常短暂。好在罗斯福的父亲是个硬汉，他告诉罗斯福："儿子，你头脑很好，却少了一个好身体。没有身体的帮助，头脑就不能发挥它应有的能力。你必须让身体强壮起来。"

罗斯福接受了这个挑战，开始锻炼身体。他每天待在健身房里苦练。打网球、曲棍球，划船，游泳，变着方式锻炼身体。虽然医生断定他活不长，但罗斯福用事实证明了医生判断错误。

在学习和职业生涯中，罗斯福也拿出同样的决心。15岁时，他开始发奋读书，备考哈佛大学。他为自己制定了一个每周5天、每天6~8小时的学习时间表。经过努力，罗斯福顺利地考入了哈佛大学。

罗斯福实现了自己的理想，他相信人人都需要创造属于自己的未来。政府的责任是保证机会平等，人民的责任就是接受挑战。因此，罗斯福成为总统后，就下定决心要减少腐败，实行改革。

理想指引着罗斯福，决心又赋予他满身干劲。当纽约州长时，他治理企业腐败，维护移民工人的权益。成为美国总统后，他打压大企业中的压榨和罪恶行为，从而使工人和经营者双双受益，他将其称为"公平交易"。

在训练子女的心理素质时，罗斯福的坚持得到最充分的体现。他希望每个孩子都能见义勇为。他对孩子们说："放开手脚，遵守规则，冲向目标！"

英国有一句谚语说："一个人如果有自己系鞋带的能力，那么他就有上天摘星星的机会。"只要坚持下去，一个平凡的人也会有成功的一天，否则即使是一个才识卓异的人，也只能遭遇失败。

英国前首相丘吉尔也具有坚持的品质和持久的耐力。当英国对德国纳粹奉行绥靖政策时，丘吉尔强烈反对。如果他当时就是首相，"二战"也许就不会打得如此艰难了。德军的战火烧到邻国和英国本土时，丘吉尔才在选举中获胜，当上英国首相。丘吉尔下决心继续战斗，他用充满激情的演讲鼓舞英国人民。

跟其他成功者一样，早年的丘吉尔也遭受过种种磨难。他在寄宿学校里待了9年，其间虽然学习很努力，却经常考试不及格。尽管如此，他还是决定坚持，他不要做历史的旁观者，他要做一名历史的创造者和领导者。他参加了桑德霍斯特军校的入学考试，考了3次才被录取。多年后，他回到自己曾经就读过的哈罗公学为毕业班做演讲。这是历史上最短的毕业典礼演讲："永不放弃！永不放弃！永不！永不！永不！永不！不管大事小事还是微不足道的事，永不放弃，除非是为了荣誉和善意。"

坚持和忍耐是卓越者的特点。现实生活中，每个人都有自己的理想，可是并不是每个人都能坚持自己的理想一路走下去，只有培养自己的耐力，控制自己的消极情绪，不断地积蓄能量，并靠它长久地坚持下去，才能渡过难关，将最初的"不可能"变成最终的"可能"。

【反本能攻略】

外界的事物什么样，这由不得你去选择和控制，但用什么样的态度去对待，可以由你自己做主。面对生活中的种种不公正现象，能否使自己像骆驼在沙漠中行走一样自如，关键就在于你是否足够坚忍。

再多坚持一分钟

　　昨天很残酷，今天更残酷，明天很美好，可很多人败在了今天晚上。如果有足够的耐力，再多坚持一分钟，就能看见明天初升的太阳。

　　短暂的人生犹如驾一叶扁舟在大海中航行，巨浪和旋涡就潜伏在你的周围，随时会袭击你。因此，你要当个好舵手，还得具有克服艰难的毅力和勇气，设法绕过旋涡，乘风破浪前进。换言之，坚韧也是面对磨难的一种方法，以不变应万变；坚韧更是一种力量，它能磨钝利刃的锋芒。

　　胜利者往往是因为坚持到最后一秒而获得成功的。但是很多人往往不懂坚持的意义，在离成功只有一步之遥时，放弃努力，半途而废，结果造成了巨大的损失和深深的遗憾。

　　一艘客轮在海上遇难，有个人在波浪之中很幸运地抱住了一根木头，并和木头一起漂到一个荒岛上。他把岛上所有能吃的东西通通都收集起来，并用木头搭了一个小棚子以储放这些食物。于是，他就静下心来等待路过的船只。

　　他每天都爬到岛上的一座小山坡上，向海上张望，却没有等到一只船的到来。一天他又去张望，忽然天阴了下来，雷电大作。

　　他看见自己木棚的方向升起了浓烟，急忙跑过去。原来是雷电

点燃了木棚，他希望能赶快下一场雨把火浇灭，因为木棚子里有他所有的食物啊！可是，直到木棚化为灰烬，也没下一滴雨。

没有了食物，他绝望了，心想这一定是天意，就心灰意懒地在一棵树上结束了自己的生命。

就在他停止呼吸后不久，一艘船经过这里。船上的人来到岛上，船长看到灰烬和吊在树上的尸体，明白了一切。他对船员们说："这个可怜的人没有想到失火后冒出的浓烟会把我们的船引到这里来，其实，只要他再坚持一下就会获救的。"

人生总有低潮，没有希望的人会因此而失去信念，把自己击垮；而执着努力的人，则能够转移和排遣掉痛苦，等待光明的到来。其实只要再多坚持一下，哪怕只有一分钟，也许风雨就会过去，美丽的彩虹将挂在晴空上。坚持是成功的重要秘诀之一。

老约翰是一家大公司的董事长，每年利润有上百万。但他年过七旬仍不愿意在家里享清福，每天到公司来巡视。

老约翰对员工很和善，从不发脾气，看见有人工作没做好，他就会拿出含在嘴里的雪茄，说："伙计，没关系，别灰心，再坚持一下，准能成功。"说完他还拍拍对方的肩膀。他这种做法很得人心，全公司上下都十分卖力地工作，谁也不偷懒。

一天，新产品开发部经理菲尔向老约翰汇报："董事长，这次试验又失败了，我看就别搞了，都第23次了。"菲尔皱着眉头，神情十分沮丧。办公室里温暖如春，各种装饰品闪闪发亮，米黄色的地板一尘不染。看到这些，菲尔就想起自己经常停暖气的公寓，什么时候自己也能拥有这样的房子？再瞧瞧歪靠在皮椅上的董事长，脑门被阳光照得泛着亮光。这老头儿有啥本事成为这么大企业的主人？菲尔心里暗想。

"年轻人，别着急，坐下。"老约翰指了指椅子，"有时候事情就是这样，你屡干屡败，眼看没有希望了，但坚持一下，没准儿就能成功。"老约翰将一支雪茄放进他的嘴里。

"董事长，我真没办法了，您是不是换个人？"菲尔的声音有些沙哑。

"菲尔，你听我说，我让你做，就相信你能成功。来，我给你讲个故事。"老约翰吸了一口雪茄，缕缕青烟在他脸旁袅袅上升，他眯着眼睛开始讲起来：

"我也是个苦孩子，从小没受过教育，但我不甘心，一直在努力，终于在我31岁那年，发明了一种新型节能灯，这在当时可是个不小的轰动。但我是个穷光蛋，要进一步完善还需要一大笔资金。我好不容易说服了一个私人银行家，他答应给我投资。可我这个新型节能灯一投放市场，其他灯就会没销路，所以有人暗中千方百计阻挠我。可谁也没想到，就在我要与银行家签约的时候，我突然得了胆囊炎，住进了医院，大夫说必须做手术，不然有危险。那些灯厂的老板知道我得病的消息就在报纸上大造舆论，说我得的是绝症，骗取银行的钱来治病。这样一来，那位银行家也半信半疑，不准备投资了。更严重的是，有一家机构也正在加紧研制这种节能灯，如果他们抢在我前头，我就完了！当时我躺在病床上万分焦急，没有办法，只能铤而走险，先不做手术，仍如期与那位银行家见面。

"见面前，我让大夫给我打了镇痛药。在我的办公室见面时，我忍住疼痛，装作没事似的，和银行家拍肩握手，谈笑风生，但时间一长，药劲过去了，我的肚子跟刀割一样疼，后背的衬衣都让汗水浸透了。可我咬紧牙关，继续和银行家周旋，我心里有一个念头：再坚持一下，成功与失败就在此一举了。病痛终于在我强大的意志力下低头了，自始至终，在银行家面前，我一点儿破绽也没露，完全取得了他的信任，最后我们终于签了约。我送他到电梯门口，脸上还带着微笑，挥手向他告别。但电梯门刚一关上，我就扑通一下倒在地上，失去了知觉。隔壁的医生早就准备好了，他们冲过来，用担架将我抬走。后来据医生说，当时我的胆囊已经积脓，相当危险！知道内情的人无不佩服我。我呢，就靠着这种精神一步步走到现在。"

老约翰一口气将故事讲完，他的头靠在皮椅上，手指夹着仍在冒烟的半截雪茄，闭上了双眼，仿佛沉浸在对往事的回忆中。这时屋里静极了，只有墙上大挂钟的嘀嗒声。菲尔被老约翰的故事感动了。他望着董事长那油光发亮的前额，眼眶里闪动着晶莹的泪花，感到万分羞愧。和董事长相比，自己这点儿困难算什么？从董事长身上他看到一种精神，而这精神就是创造财富的真谛！董事长无愧于这家庞大公司的主人，无愧于这间高大宽敞、摆放着高级家具的房屋的拥有者。

"董事长，您刚才讲得太动人了，从您身上我真的体会到了再坚持一下的精神。我回去重新设计，不成功，誓不罢休！"菲尔挺着胸，攥着拳，脸涨得通红，说话的声音都有些颤抖。

事实是最好的证明，在试验进行到第 25 次的时候，菲尔终于取得了成功。

曾有位伟人说过：世上绝大多数人的失败，其实就败在距成功一步之遥上，败在其意志力和耐力上。

人的境遇大多是由人们自身的努力程度决定的，努力七分和努力十分的人生注定会有天壤之别。我们做任何事情都和体育比赛一样，成功与失败只有一步或半步之差，起决定作用的只是最后那一步。中场退出的人注定无缘冠军的奖杯，成功只会青睐那些坚持到底、永不放弃的人。

【反本能攻略】

作为青少年，不管我们的人生道路上会有多少个难题在等待我们解决，我们都要有锲而不舍、坚韧不拔的毅力，相信阳光总在风雨后。

用耐心将冷板凳坐热

四位谋职的男士坐在某公司的会客室等待主管面试，时间一分钟一分钟地过去，第一位等得不耐烦，走了，第二位也走了，第三位及第四位仍耐心地等待着。

第三位男士为了打破沉寂的氛围，问第四位男士："你也是来应征的？"

第四位说："不是，我是公司主管，我是来与你们面谈的！"

原来如此。理所当然，第三位被录用了。他的成功，就在于"耐心"两个字。

我们现在这个时代，浮躁之风吹拂起满天灰尘。不少人睁大眼睛，焦急地觅寻出路，结果反而迷失方向，因为尘埃吹进了他们的双眼。而有些人则耐心地闭目思考，等尘埃落定时，再伺机出动，反而成为时间的主人。时间可以考验意志，也可以滋润情谊。耐心是一种成功机制，等待有时可带来成功的时机与运气。

犹如幼鹰在蛋壳中静静地孵化，耐心赋予了生命力量；犹如蓓蕾在枝头上悄悄地守候，耐心给予了生命美丽。

许多人都知道，在非洲极其干旱的沙漠之中，生长着一种神圣的花朵——依米花，让人惊叹的是，一株依米花为了积聚开放所需要的水分，需要耐心地等待四五年。

然后，在吸足蓓蕾所需要的全部水分和养分后，它开花了。这是世界上最艳丽的花朵，美得令人惊心动魄，似乎把整个荒漠都照亮了。

能够年少成名当然好，就如人们常说的，出名要趁早，可是具有天赋的人毕竟是少数，很多人都需要经过较长时间的努力才会在自己的领域有所得、有所获。

正如"台上十分钟，台下十年功"，成功之前往往需要经历长时间的寂寞与艰苦跋涉。奥运赛场上的冠军，无一不是多年苦练的结晶。就连诺贝尔奖的各项得主，也有不少是在古稀甚至是耄耋之年才获此殊荣的。

遗憾的是，许多人耐不住寂寞，他们浮躁、急功近利，总是想着一步登天。他们在乎的不是历练和经验，而是结果，希望一夜成名。这样的人缺乏坚定的目标感，缺乏踏踏实实和持之以恒的心态，太急于求成，最后往往难以有所成就。

我们不得不正视这样一个现实，当今社会由于信息的轰炸、各种欲望与成功的诱惑，让现代人目不暇接，不少人认为人生苦短，没有时间去等待，于是烦躁的心态、急功近利的想法常常让现代人焦虑不安。

【反本能攻略】

一天建不成罗马，一步到不了长城，一夜成功的机会更是少之又少。在人生的征途上，我们需要用耐心和毅力去忍受和改变刚进社会时的无知与无人喝彩，用耐心和毅力去面对社会对你的熏陶和锤炼。事实上，命运对谁都是公平的，而有人什么也没找到，有人却找到了很多，这并非后者更幸运，关键是他更能努力、更能坚持。

有一种成功叫锲而不舍

德国伟大诗人歌德在《浮士德》中说："始终坚持不懈的人，最终必然能够成功。"人生的较量就是意志与智慧的较量，轻言放弃的人注定不是成功的人。

约翰尼·卡许早就有一个梦想——当一名歌手。参军后，他买了自己有生以来的第一把吉他。他开始自学弹吉他，并练习唱歌，他甚至创作了一些歌曲。服役期满后，他开始努力工作以实现当一名歌手的夙愿，可他没能马上成功。没人请他唱歌，就连电台唱片音乐书目广播员的职位他也没能得到。他只得靠挨家挨户推销各种生活用品维持生计，不过他还是坚持练唱。他组织了一个小小的歌唱队到各个教堂、小镇巡回演出，为歌迷们演唱。最后，他灌制的一张唱片奠定了他音乐工作的基础。他有了两万名以上的歌迷，获得了成功。

接着，卡许经受了第二次考验。经过几年的巡回演出，他身体被拖垮了，晚上须服安眠药才能入睡，而且要吃些"兴奋剂"来维持第二天的精神状态。他沾染上了一些恶习——酗酒、服用催眠镇静药和刺激兴奋性药物。他的恶习日渐严重，以致对自己失去了控制能力。他不是出现在舞台上，而是更多地出现在监狱里。到了1967年，他每天须吃一百多片药。

一天早晨，当他从佐治亚州的一所监狱刑满出狱时，一位行政司法长官对他说："约翰尼·卡许，我今天要把你的钱和麻醉药都还给你，因为你比别人更明白你能充分自由地选择自己想干的事。看，这就是你的钱和药片，你现在就把这些药片扔掉吧，否则，你就去麻醉自己，毁灭自己。你选择吧！"

卡许选择了生活。他又一次对自己的能力做了肯定，深信自己能再次成功。他回到纳什维利，并找到他的私人医生。医生不太相信他，认为他很难改掉服麻醉药的坏毛病，医生告诉他："戒毒瘾比找上帝还难。"他并没有被医生的话吓倒，他知道"上帝"

就在他心中，他决心"找到上帝"，尽管这在别人看来几乎不可能。他开始了他的第二次奋斗。他把自己反锁在卧室里，一心一意要根绝毒瘾，为此他忍受了巨大的痛苦，经常做噩梦。后来在回忆这段往事时，他说，他总是觉得昏昏沉沉，好像身体里有许多玻璃球在膨胀，突然一声爆响，只觉得全身布满了玻璃碎片。当时摆在他面前的，一边是麻醉药的引诱，另一边是他奋斗目标的召唤，结果后者占了上风。九个星期以后，他恢复到原来的样子了，睡觉不再做噩梦。他努力实现自己的计划，几个月后，他重返舞台，再次引吭高歌。他不停息地奋斗，终于再一次成为超级歌星。

卡许的成功源于什么？很简单，坚持。

一个人身处困境之中，不自强永远也不会有出头之日，仅仅一时的自强而不能长期坚持，也不会走上成功之路。因此，坚持不懈地自强，才是扭转命运的根本力量。

【反本能攻略】

古希腊哲人苏格拉底说："许多赛跑者的失败，都是失败在最后几步。跑'应跑的路'已经不容易，'跑到尽头'当然更困难。"成功往往来自自己内心的一份坚持，虽然每个人的境遇完全不同，可是他们都没有放弃自己内心的追求！坚持使他们在竞争中成为真正的赢家！

低谷时不放弃，在寂寞中悄然突破

曼德拉因为领导反对白人种族隔离的运动而入狱，白人统治者把他关在荒凉的大西洋小岛罗本岛上27年。当时曼德拉年事已高，但看守他的狱警依然像对待年轻犯人一样对他进行残酷的虐待。

罗本岛上布满岩石，到处是海豹、蛇和其他动物。曼德拉被关在总集中营一个锌皮房里，白天打石头，将采石场的大石块碎成石料。他有时要下到冰冷的海水里捞海带，有时干采石灰的活儿——每天早晨排队到采石场，然后被解开脚镣，在一个很大的石灰石场里，用尖镐和铁锹挖石灰石。因为曼德拉是要犯，看管他的看守就有三个人。他们对他并不友好，总是寻找各种理由虐待他。

1991年，曼德拉出狱当选总统以后，他在就职典礼上的一个举动震惊了整个世界。

总统就职仪式开始后，曼德拉起身致辞，欢迎来宾。他依次介绍了来自世界各国的政要，然后他说，能接待这么多尊贵的客人，他深感荣幸，但他最高兴的是，当初在罗本岛监狱看守他的三名狱警也能到场。随即他邀请他们起身，并把他们介绍给大家。

曼德拉的博大胸襟和宽容精神，令那些残酷虐待了他27年的白人汗颜，也让在场的所有人肃然起敬。看着年迈的曼德拉缓缓站起，恭敬地向三个曾看管他的看守致敬，在场的所有来宾以至整个世界，都静下来了。

后来，曼德拉向朋友们解释说，自己年轻时性子很急，脾气暴躁，正是狱中生活使他学会了控制情绪，因此才活了下来。牢狱岁月给了他时间与激励，也使他学会了如何处理自己遭遇的痛苦。他说，感恩与宽容常常源自痛苦与磨难，必须通过极强的毅力来训练。

获释当天，他的心情平静："当我迈过通往自由的监狱大门时，我已经清楚，自己若不能把悲痛与怨恨留在身后，那么我其实仍在狱中。"

没错，面对生活中的磨难，如果不能以豁达的心胸面对，那么我们只能一直生活在痛苦当中。在生活中，很多人都不能放下心中的痛苦，他们觉得是命运的薄待，让他们感受到了诸多痛苦。所以，他们愤恨，他们抱怨，甚至于想到报复。

可是，即便是我们把心中的痛苦都发泄出来，我们仍然没办法减轻自己心中的痛苦，因为我们不曾放下。所以，与其让别人跟着我们痛苦，不如我们自己释怀，看淡得失。

【反本能攻略】

　　人生之中，难免会经历这样或那样的波折。面对生活中的痛苦，如果一味地沉浸在对命运的抱怨中，那么我们看到的只能是漫无天际的悲观和失望，可是如果保持一颗豁达的心，即使是在人生的风雪里，也只会当成风景来观赏。

坚守寂寞，坚持梦想

　　当你面对人类的一切伟大成就的时候，你是否想到过，曾经为了创造这一切而经历过无数寂寞的日夜，他们不得不选择与寂寞结伴而行，有了此时的寂寞，才能获得自己苦苦追求的似锦前程。

　　很多时候成功不是一蹴而就的，要经过很多磨难，每个人无论如何都不能放弃梦想，把自己开拓的事业做下去。

　　肯德基创办人桑德斯在山区的矿工家庭中长大，家里很穷，他也没受什么教育。他在换了很多工作之后，自己开始经营一个小餐馆。不幸的是，由于公路改道，他的餐馆必须关门，关门则意味着他将失业，而此时他已经 65 岁了。

反本能：
怎样战胜人性的弱点和你的习以为常

也许他只能在痛苦和悲伤中度过余年了，可是他拒绝接受这种命运。他要为自己的生命负责，相信自己仍能有所成就。可是他是个一无所有、只能靠政府救济的老人，他没有学历和文凭，没有资金，没有什么朋友可以帮他，他应该怎么做呢？他想起了小时候母亲炸鸡的特别方法，他觉得这种方法一定可以推广。

　　经过不断尝试和改进之后，他开始四处推销这种炸鸡的经销权。在遭到无数次拒绝之后，他终于在盐湖城卖出了第一个经销权，结果大受欢迎，他成功了。

　　65岁时还遭受失败而破产，不得不靠救济金生活，在80岁时却成为世界闻名的杰出人物。桑德斯没有因为年龄太大而放弃自己的梦想，经过数年拼搏，终于获得了巨大的成功。如今，肯德基的快餐店在世界各地都是一道风景。

　　很多时候，在日常生活、工作中我们必须在寂寞中度过，没有任何选择。这就是现实，有嘈杂就有安静，有欢声笑语就有悄然寂静。

　　既然如此，你逃脱不掉寂寞的影子，驱赶不走寂寞的阴魂，为什么非要与寂寞抗争？寂寞有什么不好，寂寞让你有时间梳理躁动的心情，寂寞让你有机会审视所作所为，寂寞让你站在情感的外圈探究感情世界的课题，寂寞让你向成功的彼岸挪动脚步，所以，寂寞不是可怕的孤独。

　　寂寞是一种力量，而且无比强大。事业成就者的秘密有许多，生活悠闲者的诀窍也有许多。但是，他们有一个共同的特点，那就是耐得住寂寞。谁耐得住寂寞，谁就有宁静的心情，谁有宁静的心情，谁就水到渠成，谁水到渠成谁就会有收获。山川草木无不含情，沧海桑田无不蕴理，天地万物无不藏美，那是它们在寂寞之后带给人们的享受。所以，耐住寂寞之士，何愁做不成想做的事情。有许多人过高地估计自己的毅力，其实他们没有跟寂寞认真地较量过。

我们常说，做什么事情需要坚持，只要奋力坚持下来，就会成功。这里的坚持是什么？就是寂寞。每天循规蹈矩地做一件事情，心便生厌，这也是耐不住寂寞的一种表现。

如果有一天，当寂寞紧紧地拴住你，哪怕一年半载，为了自己的追求不得不与寂寞搭肩并进的时候，心中没有那份失落，没有那份孤寂，没有那份被抛弃的感觉，才能证明你的毅力坚强。

【反本能攻略】

人生不可能总是前呼后拥，人生在世难免要面对寂寞。寂寞是一条波澜不惊的小溪，它甚至掀不起一朵浪花，然而它孕育着可能成为飞瀑的希望，渗透着奔向大海的理想。坚守寂寞，坚持梦想，那朵盛开的花朵就是你盼望已久的成功。寂寞是孤单；寂寞是冷清；寂寞是寂静；寂寞是无人问津；寂寞是磨炼耐性的招数；寂寞是一条无形的枷锁，它悄悄地绑住了你的灵魂，轻易不会松手。

第八章

反本能之锻炼毅力

——不要总是想得美而不行动

现在就去做

"想做的事情，马上动手，不要拖延！"这是许多成功人士总结出来的黄金法则。成功者从不拖延，总是立即行动，他们对工作的态度是立即执行，所以他们把握住了成功的机会。凡是留待明天处理的态度就是拖延和犹豫，这不但会阻碍事业的进步，也会加重生活的压力。

不要怠惰，不要把事情拖到一起去集中处理，要立即行动，立刻去做手中的每一件事情。

苹果公司创始人乔布斯就是一个雷厉风行的人。在处理一个员工的去留问题上，就充分展现出了他的这一特点。

当时，苹果公司准备启动麦金塔计划，需要从内部员工中调配精兵强将组成一个专门小组，其中赫茨菲尔德就在应选之列。赫茨菲尔德是一名很优秀的程序工程师，此前一直在 APPLE 小组，乔布斯要将他吸纳到麦金塔计划小组里，但是赫茨菲尔德对苹果公司于 1981 年的一项解雇计划不满，因为他一个重要的合作伙伴及好朋友被解雇了，因此他提出了自己的疑问，并表达了离开之意。不过，从他内心来讲，他是很愿意为麦金塔工作的。所以他有些犹豫不决。

乔布斯找到赫茨菲尔德，问："你究竟参不参加麦金塔计划小组？"赫茨菲尔德说："我可以参加，但我还有一些想法，现在我感觉待在苹果公司了无趣味。我可能要离开公司，瑞克（赫茨菲尔德的合作伙伴及好朋友）的被解雇让我心里不痛快，这种做法是不对的！"

乔布斯立刻说："那很好，来啊！你马上就能着手工作了！"

"什么？"赫茨菲尔德有些不解。

乔布斯说："我是说，你搬过来，从今天起你就可以为麦金塔计划小组工作了！"

赫茨菲尔德解释说："好吧，再等一下，我必须处理点儿事情，大概需要几个星期才能处理完！"

"不行！我需要你立刻行动！"乔布斯干脆将赫茨菲尔德桌上的电脑关掉，拿出碟片，拔掉插头，然后抱着整台电脑，嘴里说着："来，现在我就送你过去，如果你还需要什么东西，晚些再回来拿！"

这就是乔布斯的作风。

赫茨菲尔德表达了他乐意为乔布斯的计划工作的意愿，但心中又有些不满，因此他内心矛盾、迟疑不决。在这个时候，乔布斯的果敢作风发挥了效力，他不容赫茨菲尔德再有犹豫的机会，于是直接拔掉他的电脑插头，帮助或者说强迫他做了决定。如果任由赫茨菲尔德再花上几个星期考虑，结果会是另一番情境。

　　心理学专家认为，拖延容易让你产生消极情绪。很多事情并不会因为你拖着不做就不需要做了。现实的压力总是存在的，越躲避，事情积压得就越多，烦躁、焦虑和恐惧等情绪也随之而来。另外，拖延会引起别人的失望、不满和愤怒，别人的批评和指责也会引发你更多的消极情绪。最糟糕的事情莫过于，拖延很容易形成一种生活方式。若是这样，人生则失去了主动，生活和工作的乐趣也在拖延与自责中被一点点无情地消磨掉。所以，改变拖沓，立即行动！提高自控力，保持积极热情、乐观向上的心态，然后迅速行动，主动掌控工作和生活。

　　想想你自己，是否也有办事拖沓的习惯？如果有，从现在开始，改掉这个坏毛病，养成立即行动的习惯。

【反本能攻略】

　　拖延导致平庸，行动成就卓越。在人生的道路上，做任何事，都不要养成拖延的习惯，而要培养立即行动的习惯！

掌握速度，果断发力

　　当决定用行动实现一个伟大构想的时候，我们就需要规划自己的行动，控制自己的体力、智力、意志力等，避免其他因素的干扰与诱惑，心无旁骛地去实现它。所以，知道做什么并果敢去做，就是自控力。也就是说，提高自控力中重要的一环就是提高果敢力。

拿破仑说："最真实的智慧就是果敢的魄力。"果敢的魄力是勇者的象征。果敢能使人在遇到困难时，克服不必要的犹豫和顾虑，勇往直前。对于果敢的魄力，西点军校解释说："果敢是指一个人能适时地做出经过深思熟虑的决定，并且彻底地执行这一决定，在行动上没有任何不必要的踌躇和疑虑。"果敢就是行事果断、不犹豫不拖拉。主动锻炼自己，培养果敢性格是西点军校的信条。

关于果敢，有这样一个经典案例：

卡纳奇是一位身材矮小、相貌平平的青年。一天早晨，卡纳奇到办公室的时候，发现一辆被毁的车身阻塞了铁路线，使得该区段的运输陷于混乱与瘫痪。而最糟的是，他的上司、该段段长斯各特又不在现场。

卡纳奇当时还是一个送信的差役，面对此事他该怎么办呢？立即想办法通知斯各特让他来处理，或者坐在办公室里干自己分内的事？这是既能保全自己工作，又不致冒风险的做法。因为调动车辆的命令只有斯各特段长才能下达，其他人做了，就是越权违规，有可能受处分或被革职。但此时货车已全部停滞，载客的特快列车也因此延误了发车的时间，乘客十分焦急。

经过一番权衡之后，卡纳奇将自己的工作与名声放到一边，他违背了铁路规则中最严格的一条，果敢地处理了调车领导的电报，并在电文下面签上斯各特的名字。当段长斯各特赶到现场时，所有客货车辆均已疏通，所有的工作都有条不紊地进行着。他起先是吃了一惊，最后一句话也没有说。

事后，卡纳奇从别人口中得知斯各特对于这一意外事件的处理感到非常满意，他由衷地感谢卡纳奇在关键时刻的果敢选择。

有人问亚历山大，他是靠什么征服世界的，亚历山大说："当机立断！"

大事情是需要深思熟虑的，然而生活中真正称得上大事的并不多。况且，任何事情，总不能等形势完全明朗时才做决定。事前多想固然重要，但"多谋"还要"善断"，要放弃在事前追求"万全之策"的想法。

实际上，事前追求百分之百的把握，结果却常常是一个真正有把握的办法也拿不出来。果断的人在做出决定时，开始也可能不是什么"万全之策"，只不过是诸多想法中较好的一种。但是在执行过程中，他可以随时依据变化了的情况对原方案进行调整和补充，从而使原来的方案逐步完善起来。"万事开头难"，许多事情做之前想来想去，这样也无把握，那样也不保险。当消除那些不必要的顾虑后真正下决心干起来，做着做着事情就做顺了。

【反本能攻略】

果敢力是一种强大自控力的体现。果敢，包括了果断和勇敢。果断地做事，控制自己的行动，避免所有的口号都成一场空。勇敢地决断，不受控于常人的逻辑，独辟蹊径，使得事情得到更好的解决，这是一种超常的突破。

直面那些困扰你的问题

"请享受无法回避的痛苦。"这句话引人深思，给人启迪。

人的一生会出现很多的问题，这些问题可能会让你产生非常大的厌烦感和痛苦，但是，这些问题又是你不得不去面对的事情。哈佛人告诉我们，与其逃避问题，不如直面问题，哪怕这些问题产生的结果是痛苦的。

其实，你受到困扰，然后痛苦，这是情理之中的事，但是关键是你是选择继续沉沦在痛苦的情绪里呢，还是选择一个更好的方式去解决这些问题？

如果你选择的是后者，就让我们来看看都有哪些问题困扰着我们。

问题类型	问题分析
学习问题	很多人的教育一直持续到大学，在此期间，学习方式、知识接受能力、所学所好等，都存在着关于记忆、实际运用等问题。也就是学不学得好、懂不懂得用，这样的问题会困扰着学生

问题类型	问题分析
感情问题	由于感情与婚姻受挫引发的心理困扰越来越多，失恋会引起很痛苦的情绪体验，会加重不良的心理状态，因此产生心理困扰，出现一系列的不理性行为
工作问题	很多人长期处于高度紧张的状态，但没有很好地缓解工作压力，久而久之便会产生焦虑、抑郁等不良情绪，严重时会产生心理困扰与心理疾病
适应问题	没有一个准确的角色定位，痛苦于社会的不公平现象，却又无能为力；因信仰的苍白而产生失落感、无归属感；因个人技能与现代化的差距而焦急、无奈等
生活压力问题	经济能力的不足导致的各种吃穿住行方面的生活压力使有些人甚至无法支撑自己的正常活动

当我们遇到这些问题的时候，我们应该怎么办呢？无论是怎样的问题，换一个角度去思考，重新去审视这些困扰你的事。这些事情真的足以阻碍你前进和发展吗？你的人生就真的只能一次又一次地陷在这些痛苦里吗？

无论你遇到的是怎样的问题，请记住它们只是"生活的苦难"，而这些苦难其实更多的是在帮助你战胜自己，建立一种自信，只不过难度有大有小。

我们在前面提到过，自控力是一种过程，它需要你在建立自信后再步入一种更高的掌控等级。比如说，当你受到别人责骂的时候，如果你的第一反应就是生气想要驳回对方的话，那么，当你转到"自控模式"的时候，或许就会变成你第一时间思考自己是否真的存在失误，而不是情绪化的反应。当你开始有了这样的变化，你对自我控制的程度就会产生一种自信，而这种自信将会帮助你建立更高的自我控制规模。

当然了，每个人的忍耐力都是有限度的，当情绪上的烦躁、内心的痛苦累积到一定程度，最终会非理性地爆发出来。所以，在实际生活中，不能一味地强调强硬控制，还要懂得适当地宣泄自己的痛苦。

【反本能攻略】

对于痛苦的宣泄，可采用如下几种方法。

一是直接对刺激源发怒。如果发怒有利于澄清问题，具有积极性、有益性和合理性，就要当怒而怒。这不但可以释放自己的情绪，而且是一个人坚持原则、提倡正义的集中体现。

二是借助他物出气。把心中的悲痛、忧伤、郁闷、遗憾痛快淋漓地发泄出来，这不但能够充分地释放情绪，而且可以避免误解和冲突。

三是学会倾诉。当遇到不愉快的事时，不要自己生闷气，把不良情绪压在心理，而应当学会倾诉。

四是让自己静下来。当人的心情不好，产生不良情绪时，内心都十分激动、烦躁，就会坐立不安，此时，可以选择做一些陶冶自己情操的活动或者娱乐。这种看似与排除不良情绪无关的行为恰是一种以静制动的独特的宣泄方式，它是以清静雅致的态度平息心头怒气，从而排除沉重的压抑感。

付诸行动，莫让梦想成为空谈

有人说，天下最悲哀的一句话就是：我当时真应该那么做却没去做。世上的事情没有绝对完美，如果要等所有条件都完美以后才去做，那只能永远等待下去了。人生短暂，倘若不想成为生命中的过客，那么，与其坐而论道，不如起而躬行。所以，有了梦想，你就应该立即付诸行动。

梦想是比较模糊的、短暂的，具有强烈的不定性。有些人今天对自己的未来充满憧憬，但也许一夜之间就忘得一干二净，然后对另一种生活开始执着起来。

行动能够帮助你将这种梦想的不定性消除。目标进一步明晰梦想，使你前进的道路变得有序和清晰，每一阶段的任务都一层层展现在你的面前，让你知道如何去行动。

无论是梦想还是目标，都是很容易制定的，难的是付诸行动。梦想和目标都可以坐下来用脑子去想，但实现它们需要切实的行动，只有行动才能化目标为现实。

许多人都为自己制定了详细的人生目标，从这一点来说他们似乎可以称为谋略家。但是，他们中的大多数人制定了目标之后，便把目标束之高阁，没有投入到实际行动中去，结果到头来仍然是一事无成。

目标已经制定好了，就不能有一丝一毫的犹豫，而要坚决地投入行动。观望、徘徊或者畏缩都会使你延误时机，以致成功化为泡影。

行动是打开梦想与实现之间大门的钥匙。干坐在那儿想打开人生局面，无异于痴人说梦。只有靠自己的双手，行动起来，才会有成功的可能。

香港大富豪杨受成被称为"钟表大王"。他的父亲在九龙窝打老道及弥敦道交界处开了个天文台表行。他在为父亲做帮手的过程中，逐渐对做生意产生了浓厚的兴趣。之后，他经常钻研赚钱之道，期望自己有朝一日能成为大富豪。

杨受成的"大富豪"梦想并没有流于空想，他根据自己做帮工的经验摸索出一个规律——游客的消费力最强，与游客做买卖利润最大。

杨受成大胆地行动，与其在店里守株待兔似的做买卖，不如主动走出去寻找顾客。于是，他开始到码头带领一些游客返回天文台表行买表。首次主动出击寻找游客就获得了成功，这鼓舞了他，使他有了更大的勇气。

主动找顾客，这就是杨受成总结出的经营策略。这一决策包含着他的聪明才智与勤奋努力，也包含着他直面人生、英勇拼搏的精神。主动找顾客，使小小的杨家钟表店赚到了第一个 100 万元。杨受成固然有远大的梦想，但更有为实现梦想所付诸的实际行动，这些行动支持着他，让他走向成功。

【反本能攻略】

与其坐而论道，不如起而躬行。面对人生、面对梦想，怀有务实的心态，付诸实践，才能让你的梦想不成为空谈，更不会是笑谈。

速度，果敢者的制胜武器

成功的人做事之所以从容，是因为他们能掌控速度，果断出击，因此也就不会有火烧眉毛后的手忙脚乱及"我应该做它，但应付它现在已经太晚"的遗憾。

一个人能否成功，至少有80%的因素与速度相关，因为速度先人一步，才能占先机，获得主动权。这就需要我们果敢决策，该出手时就出手。

没有速度，你就会比对手慢。比对手慢，属于你的机会就会很少，并且对手在已经占据优势的情况下还会想方设法压制你，根本不给你继续前进的机会。你一处被动，就只能处处被动。可以这样说，如果实力是你取胜的前提，那么速度就是你取胜的关键，两者一个也不能少，只有这样，你才能赢得竞争。

摩根从少年时开始游历北美的西北部和欧洲地区，并在德国哥廷根大学接受教育。从哥廷根大学毕业后，摩根来到邓肯商行任职。摩根特有的心理素质，使他在邓肯商行干得有声有色。但他过人的胆识与冒险精神，经常让总裁邓肯心惊肉跳。

有一次，摩根从巴黎到纽约的商业旅行途中，一个陌生人敲开了他的房门："听说，您是专搞商品批发的，是吗？"

摩根问："有何贵干？"摩根感觉到对方焦急的心情。

陌生人说："啊！先生，我有件事有求于您，有一船咖啡需要立刻处理掉。这些咖啡是一个咖啡商的，现在他破产了，无法偿付我的运费，便用这船咖啡做抵押，可我不懂这方面业务，您是否可以买下这船咖啡。很便宜，只是市场价的一半。"

摩根盯着来人问："这事很着急吗？"

对方拿出咖啡的样品，说："是很急，否则这样的咖啡怎么会这么便宜就卖掉呢？"

摩根果断地回答："我买下了。"

"摩根先生，谁能保证这一船咖啡的质量都与样品一样呢？"同伴见摩根轻率地买下这船还没亲眼见到质量如何的咖啡，在一旁提醒道。

同伴的提醒很有道理，因为当时市场混乱，坑蒙拐骗之事屡见不鲜。光在买卖咖啡方面，邓肯公司就吃过很多亏。"我知道了，但这次是不会上当的，我们应该抓住机会，以免这批咖啡落入他人之手。"

摩根相信自己的眼力。邓肯听到这个消息后，不禁吓出了一身冷汗："这家伙太自负了，这不是拿公司开玩笑吗？"邓肯严厉指责摩根："快去，把交易给我取消掉，否则损失你自己赔偿！"摩根与邓肯决裂了。

摩根决心一赌，在父亲的帮助下，还了邓肯公司的咖啡款，并经卖咖啡人的介绍，又买下了许多船咖啡。就在摩根买下这批咖啡后不久，巴西咖啡遭到霜灾，大幅减产，咖啡价格上涨两三倍。而摩根的咖啡囤积居奇，价格翻了几倍，摩根狠狠地赚了一笔。

渴望成功，却害怕承担行动失败的后果，或者害怕付出过多的代价，不愿意付出超常的努力，结果在患得患失中随波逐流，理想也将永远是一个理想。要培养魄力，就必须抛弃患得患失的心理。

另外，有时候，你明明可以很快地完成一件事，可是就因为你心存侥幸，觉得还有很多时间，所以，做起事来拖拖拉拉，结果失去了大好的机会。铭记西点军校的忠告，永远比别人早到一分钟。提高自控力，把握好时机。

【反本能攻略】

许多人做事总喜欢等到所有的条件都具备了再行动，殊不知，良好的条件是等不来的，无论是学习，还是生活、工作中，很少有万事俱备的时候。行动可以创造有利条件。只要做起来，哪怕很小的事，哪怕只做了五分钟，也是一个好的开端，就能带动我们着手做好更多的事情。

意志力，强者与弱者的分水岭

在这个世界上，我们什么都可以替代，但就是不能代替别人的生活。因为，一个人的生活完全是由自己掌控的，而要掌控自己的生活，就要有一定的意志力。

意志力是指一个人自觉地确定目标，并根据目标来支配、调节自己的行动，克服种种困难，从而实现目标的品质。它是一种特殊的能量，携带着大量信息，能够影响物质的变化，有着神奇无比的魔力。

当身体已经超负荷，发出疲惫的信号时，强大的意志力会控制并调整身心状态继续行动。意志力是一种宝贵的品质，是自控力的直观体现。

意志力强，则自控力强，便于行动成功；意志力弱，则自控力差，容易导致失败。所以意志力是强者与弱者的分水岭。

意志力是上帝给人类的特殊礼物。成功者与失败者之间、弱者与强者之间最大的差异往往并不是能力、素质、教育等方面的不同，而是意志的强弱。因为意志薄弱才会有那么多弱者、失败者，那些意志坚强的人才是少数的成功者。

富兰克林·罗斯福患有脑灰质炎，但他始终没有放弃自己。虽行动不便，他却向全世界证明了他能够成为领导美国的总统。他从不以自己身患疾病为借口，始终以坚毅顽强的一面面对世人。

天才、运气、机会、智慧和态度是成功的关键因素。但是，仅具备以上这些因素，而没有坚强的意志，并不能保证成功。那些取得辉煌成就的人都有一个共同特征——他们目标明确、不屈不挠、坚持到底、不达目的誓不罢休。

在人生的道路上，出发时装备精良的人不在少数，这些人有着过人的天赋，有机会接受良好的教育，有更高的社会地位——

这一切本该使他们平步青云。但是，这些人往往一个接一个地被那些在智力、教育等方面远不如他们的人所超越，为什么呢？个人意志力的差异解释了这一切——没有强大的意志力，即使有着最优秀的智力、最高的教育和最有利的机会，也无法经受住人生中的各种考验。

我们虽然生活在和平年代，但同样需要具备钢铁般的意志。如果没有坚强的意志和顽强的毅力，在如今这个充满各种诱惑的社会中还能有什么机会呢？想要在竞争激烈的环境中脱颖而出，就必须成为一个果敢而有坚定信念的人。通过考察一个人的意志力，可以判断他是否拥有发展潜力，能否坚韧地面对一切困难。

【反本能攻略】

意志力是一种有意识的心理机能，其作用体现在经过深思熟虑的行动上。所以说，意志力是自控的力量，是自我引导的力量。

如果一个人拥有坚定的意志力，那么他就能通过利用意志力本身这种巨大的精神力量控制自己并实现自己的目标。

对自己再狠一点儿

意志越练越强。当我们未被薄弱的意志拖垮并一次一次战胜它的时候，在这场与意志的较量中，掌握主动权的就是我们自己。对自己再狠一点儿，我们将能利用意志为我们服务。

阿姆斯特朗是美国著名的自行车运动员，他也是克服了运动生涯中的重重磨难，才最终取得了辉煌的成就。

1995 年，阿姆斯特朗曾经因为一位好友卡萨特的不幸去世，而对自行车运动一度产生过放弃的想法。事情是这样的：卡萨特在完成一个非常困难的爬坡之后，下坡的过程中与另外一群运动员撞到了一起，导致脸部和头部严重受伤，最终不治身亡。好友的突然去世令阿姆斯特朗悲痛万分，他很长时间都无法走出悲伤的阴影，也不愿意再参加训练。

经过长时间的心理治疗，阿姆斯特朗终于又回到了自行车赛道上，开始了新的征程。然而外界有关阿姆斯特朗服用禁药的传言越来越多，但是随着每站赛后的药检，传言都不攻自破。

阿姆斯特朗在一次次的磨炼中逐渐蜕变，不断寻求新的目标。即使面对种种令人痛苦的人生经历，他仍旧选择勇往直前，取得了一枚又一枚自行车冠军奖牌。

上天好像在故意为难阿姆斯特朗。24 岁那年，阿姆斯特朗患上了睾丸癌，医生告诉他，他只有 30% 的存活希望。这次，阿姆斯特朗仍然选择坚强面对，积极配合医生治疗。两年后，奇迹再次出现了，阿姆斯特朗不但身体痊愈，而且还重返赛场。

后来，阿姆斯特朗在自传中写道："患上癌症，可能是我生命中遇到的最好的事情。因为经历了痛苦，才使我变得更加坚强，而自行车运动需要的正是这样一种坚强。"

阿姆斯特朗不仅仅经历了身体上的蜕变，更重要的是培养了坚强的意志，经过人生的重重磨难，他的意志一次比一次坚强，一次比一次强大。

　　生活就是这样，如果你足够强大，那么困难和障碍就显得微不足道；如果你很弱小，那么困难和障碍就显得难以克服。困难就像纸老虎，如果你害怕它、不敢正视它、畏缩不前，它就会猛扑向你，甚至吃掉你；如果你毫不畏惧，敢于正视它，它反而会落荒而逃。

对拿破仑来说，阿尔卑斯山算不了什么。并非阿尔卑斯山不可怕，冬天的阿尔卑斯山几乎是不可翻越的，但拿破仑觉得自己比阿尔卑斯山更强大。虽然在法国将军们的眼里，翻越阿尔卑斯山太困难了，但是拿破仑的目光早已越过了阿尔卑斯山上终年的积雪，看到了山那边一望无际的平原。

由此可见，通往成功的路上最大的障碍就是自己。自私自利、贪图享乐是所有进步的阻碍，懦弱、怀疑和恐惧是成功最大的敌人。战胜懦弱，肯定自己，勇往直前你就会征服一切。

约瑟夫·林肯说："困难对于人们会产生不同的作用，就像炎热的天气，可以使牛奶变酸，却能使苹果变甜。"著名的文学家席勒也说："任何一个苦难与问题的背后，都有一个莫大的祝福！"这些话旨在告诉我们，拿出勇气，像阿姆斯特朗那样拥有决不投降的强者意志，向困难发起挑战。战胜自己的机会，就是苦难带给我们的祝福。

【反本能攻略】

意志力不仅仅帮助我们克服坏习惯，它还能协助我们养成好习惯。从节食到完成困难的工作，意志力无处不在。它是区别强者与弱者的分水岭，是很多人都缺少的特质。

第九章

反本能之停止抱怨

——别怨天尤人，别给自己找借口

永远不要批判抱怨他人

美国前总统西奥多·罗斯福深受林肯的影响。他说，在他当总统时，凡是遇到难解决的问题，总会望着挂在墙上的林肯像自问："如果林肯先生能活到今天，会如何解决这个问题呢？他也会把矛头指向别人吗？"

永远不批评、责怪或抱怨他人，使林肯赢得了"最完美的统治者"的美誉。

南北战争期间，林肯曾经更换了好几位将军，但这些将军接二连三地战败，几乎使林肯陷入绝境。所有的人都在指责林肯用人不当，但林肯毫不怨天尤人，宽容地保持缄默。林肯最喜欢说的话就是："你不论断他人，他人就不会论断你。"

当时，林肯夫人极力地谴责那些南方人。林肯却说道："不用责怪他们，同样的情况若是换上我们，大概也会这样做的。"

1863 年 7 月 1 日，盖茨堡战役开始了，到了 4 日晚上，南军抵挡不住了。李将军带着败兵，冒着倾盆而下的暴雨，逃到了波多马克河边，河水在前面咆哮，北军在后面追击，南军已经陷入了绝境。林肯知道这是取得胜利的良机，只要把李将军打败，战争很快就可以结束了。

于是，他立即给米地将军下了一道命令，要他立刻发动攻击。米地将军却犹豫了。他违背林肯的命令，先行召开紧急军事会议，故意拖延时间，用各种借口拒绝发动攻击。最后的结果是雨停了，风退了，李将军和南军也渡过波多马克河逃跑了！

你想象一下林肯愤怒的心情吧！他对着办公室空空的墙壁大声咆哮发泄着心中的愤怒："我的上帝呀，他们就在伸手就可以摸到的地方，在这种情况下，随便什么人都可以打败李将军。可为什么就让他跑掉了呢？难道我的命令就不能让军队向前迈动半步吗？"

极度恼怒的林肯，决定写一封信给米地将军。

亲爱的将军：

我不相信你对李将军逃走一事会深感不幸。他就在我们伸手可及之处，而且，只要他一被擒，加上我们最近获得的胜利，战争即可结束。现在，战争势必延续下去，如果上星期一你能顺利擒得李将军，他又如何能保证成功呢？企盼你会成功是不明智的，而我也并不企盼你现在会做得更好。良机一去不复返，我实在深感遗憾……

这封已经表达了林肯愤怒的信，言论措辞还是这么保守克制。想一想米地将军读到这封信的表现吧！

让所有人都感到意外的是，米地将军从来没见过这封信，这是后人在政府的文件堆中偶然发现的。

"我的猜测是……这仅是我的猜测……"林肯在写完这封信之后，望着窗外，心里想，"慢着，也许我不该这么性急。坐在安静的白宫里发号施令很容易，如果我身在盖茨堡，像米地一样每天看见许多人流血，听许多伤兵哀号，也许就不会急着要攻打敌人了，如果我个性像米地一样畏缩，大概也会做同样的决定吧！无论如何，现在木已成舟，把这封信寄出，除了让我一时觉得痛快以外，没有别的用处。米地会为自己辩解，会反过来攻击我对他的抱怨，这只会使大家都不痛快，甚至损及他的前途，或逼他离开军队而已。"

林肯把信扔到了一边，他没有发出这封信。

抱怨他人是在出现问题之后最不明智的一种选择，有些人似乎养成了这种不以为然的恶习，他们动辄批评、指责他人，有些人更以此为快。一旦出现了问题，他们首先想到的就是射出抱怨之箭，中伤他人。其结果要么伤害他人，要么被人抵挡，弄得自己反遭他人伤害。不抱怨他人，既是一种宽容，也是一种理解，是一个人走向成熟的一个门槛。

人人都会犯错，但没有什么人比那些不能容忍别人错误的人更经常犯错误的。不幸的是，总有人习惯严于律"人"，一遇到什么事，就会把责任推到别人身上，抱怨个不停。于是，他人就成了这些人心中的"地狱"，是一切不幸的罪魁祸首。

【反本能攻略】

所谓"牢骚太盛防肠断"，当抱怨他人成为一个人生活中的习惯时，他的生活就会在这种抱怨中腐败变质，而自己却久而不闻其臭，成了抱怨的牺牲品。所以，我们要控制自己的怨气，让抱怨之词如同林肯总统写给米地将军的信一样，被丢弃。

学会正确的心理暗示，积极对待生活

"牢骚效应"源于某研究团队组织的一次实验。当时，有一家芝加哥的工厂，各种生活和娱乐设施都很完善，社会保险、养老金等其他方面也相当不错。但是让厂长感到困惑的是，工人们的生产积极性并不高，产品销售也是业绩平平。

为了找出原因，团队展开了调查。调查发现，凡是公司中有对工作发牢骚的人，那家公司或老板一定比没有这种人或有这种人却把牢骚埋在肚子里的公司或老板要成功得多——这就是著名的"牢骚效应"。

抱怨往往都是来自错误的心理暗示，也就是消极的心理暗示。总是抱怨的人看待问题很消极，认为生活不美满，与自己的理想有很大差距，抱怨情绪便由此产生。其实很多时候，你抱怨的不美满并没有你想象的那么严重。

太多的思想家和教育者一再强调不抱怨的重要性，但他们没有明确指出，不抱怨其实也是一种心理状态，是可以通过自我暗示修炼出来的积极的心理状态。

有一名名校毕业生毕业后的生活十分糟糕，为此他怀疑自己的能力。在纽约听著名心理学家墨菲讲了几堂心智科学的课之后，他对墨菲抱怨说："我一生中的每一件事情，都乱七八糟的。我失去了健康、财富和朋友。每一件事情一碰到我，就会出毛病。"墨菲告诉他："在你的想法中，应该先建立一个前提，那就是你的潜意识，它会用无限的智慧引导你，使你在精神、心智和物质各方面，都朝着好的方向走。然后你的潜意识就会自动地在你的投资、决心等各方面给你睿智的指导，并且治好你的身体，恢复你心灵的和平和宁静。"

墨菲为这位毕业生建立了前提，其实是为他提供了这样一种暗示的方法："无限的智慧在各方面引领、指导我，我会有健康的身体；调和的定律在我的心灵和身体方面发挥作用，我会有美、爱、和平和富足；正确行动的原则和神圣的意旨，将控制我的整个生活。我知道我的前提是置于生命永恒的真理之上，而我更知道并且相信我的潜意识，会根据我意识的想法的性质而产生反应。"

过了不久，这位毕业生写信告诉墨菲："一天有好几次，我都会带着爱心缓慢而静静地重复着前面的几句话，知道这些话会深入我的潜意识中，而结果必定会跟着出来。我非常感激你跟我的谈话，我的生活及各方面都已经向好的方向发展了。这种办法真有效。"

确实，有什么样的心理就有什么样的人生，人的能力、理想、愿望等无一不受着他的心理支配。积极的暗示产生积极的心态，积极的心态又会让人们积极地面对一切。

不同的心理暗示，会给我们带来不同的情绪和行为。我们大多数人的境遇，既不是一无所有、一切糟糕，也不是什么都好、事事顺利。这相当于在沙漠中的半杯水，积极的心理暗示会告诉自己："嘿，真好，还有半杯水呢。"而消极的心理暗示却让自己垂头丧气："唉，只剩下半杯水了。"

显而易见，前者必然会以乐观的心态接受那半杯水，怀着积极的心态穿越沙漠；而后者往往会抱怨自己命苦，生活不公平，从而失去了走出沙漠的信心。成功学大师拿破仑·希尔曾说："一切的成就，一切的财富，都始于一个意念，即自我意识。"而这个自我意识，就是我们提到的心理暗示。

【反本能攻略】

抱怨是一种错误的心理暗示，它使人们对待事情产生消极的思想。与其在困难的环境中自怨自艾、驻足不前，或是一味地抱怨上天不公，不如去尝试墨菲教给那位学生的方法，给自己一个正确的心理暗示，让生活的各方面都朝着好的方向发展，即使在糟糕的境遇中也能否极泰来。

不抱怨额外的工作

在真正的优秀员工心里，工作是没有分内分外区别的，他们要做的是把所有的工作都干好，还应该比别人期待更多一点。

在柯金斯担任福特汽车公司经理时，有一天晚上，公司有十分紧急的事，要发通告信给所有的营业处，所以需要抽调一些员工去帮忙，当柯金斯安排一个做书记员的下属去帮忙套信封时，那个职员傲慢地说："那有碍我的身份，分外的事我不做，再说我到公司来不是做套信封工作的。"

听了这话，柯金斯一下子就愤怒了，但他仍平静地说："既然不是你分内的事就不做，那就请你另谋高就吧！"

那个员工就这样失去了工作。

多一点点的工作就抱怨，只做属于自己的工作，即使是在公司最需要他的时候，这样的员工，相信也只有这一种下场。

1. 职场工作没有分内与分外之分

你是否像下列员工一样："啊，终于下班了！"甚至在下班前的半个小时，就已经收拾好案头，只等铃声一响，就飞奔而去。"老板，我的专职工作是搞设计的，您让我多干些别的，那可是分外的事啊！要么给我奖金，要么我不干！"

"加班，加班，怎么老有干不完的活儿？真是烦死了！"

"算了，不是我的事，我才不管呢！"

"千万别多揽事，工作，多一事不如少一事，干得多，错得多，何苦呢？"

工作，对于那些优秀员工来说，是不分分内分外的，只要是公司的事，只要是自己见到的活儿，不抢着把它干好，就总觉得心里不踏实！

而不计报酬的加班，对他们来说，不但是理所应当的，而且还会视为荣幸的事——老板为什么叫我多干，是他信任我，是我的技术比别人强，这已经是最好的奖赏了，我干吗还要计较其他呢？

职场总会有许多事情可做的，要不然也就不是职场了。而有些工作也许真的不是你的分内工作，可是这些难题的存在阻碍着团队的前进，作为优秀员工，你无疑会主动帮助上司解决这些难题，而不会坐视不理的。

抱怨分外的工作，不是有气度和有职业精神的表现。一个勇于负重、任劳任怨，被老板器重的员工，不仅体现在认真做好本职工作上，也体现在愿意接受额外的工作，能够主动为上司分忧解难上。因为额外的工作对公司来说往往是紧急而重要的，尽心尽力地完成它是敬业精神的良好体现。

如果你想成功，除了努力做好本职工作以外，你还要经常去做一些分外的事。因为只有这样，你才能时刻保持斗志，才能在工作中不断地锻炼、充实自己，才能引起别人的注意。

2. 主动去做分外事

拿破仑·希尔曾经聘用了一位年轻的小姐当助手，替他拆阅、分类及回复他的大部分私人信件。当时，她的工作是听拿破仑·希尔口述，记录信的内容。她的薪水和其他从事类似工作的人差不多。有一天，拿破仑·希尔口述了下面这句格言，并要求她用打字机把它打下来："记住：你唯一的限制就是你自己脑海中所设立的那个限制。"

当她把打好的纸交给拿破仑·希尔时，她说："你的格言使我获得了一个想法，对你我都很有价值。"

这件事并未在拿破仑·希尔脑中留下特别深刻的印象，但从那天起，拿破仑·希尔看得出来，这件事在她脑中留下了极为深刻的印象。她开始在用完晚餐后回到办公室来，从事不是她分内而且也没有报酬的工作，并开始把写好的回信送到拿破仑·希尔的办公桌上。

她已经研究过拿破仑·希尔的风格，因此，这些信回复得跟拿破仑·希尔自己写的完全一样，有时甚至更好。她一直保持着这个习惯，直到拿破仑·希尔的私人秘书辞职为止。当拿破仑·希尔开始找人来补这位秘书的空缺时，他很自然地想到这位小姐。但在拿破仑·希尔还未正式给她这项职位之前，她已经主动地接手了这项职位。由于她对自己加以训练，终于使自己有资格出任拿破仑·希尔属下人员中最好的一个职位。

这位年轻小姐的办事效率太高了，拿破仑·希尔已经多次提高她的薪水，她的薪水现在已是她当初来拿破仑·希尔这儿当一名普通速记员时的4倍。她使自己变得对拿破仑·希尔极有价值，因此，拿破仑·希尔不能失去她这个帮手。

【反本能攻略】

进取心是一种极为难得的美德，它能驱使一个人在不被吩咐应该去做什么事之前，就能主动去做应该做的事。

勇于接受不可控制的事物

现实中，我们总是被诸多东西束缚，从而阻碍了自身能量的产生与释放。当我们拥有了追求某一件东西的能力，并投入了精力的时候，我们就想要追逐更多的东西。而一旦在追逐的过程中那些我们想要征服的东西开始不受控制，我们必然会因此意志消沉、郁郁寡欢，最终往往也会被这些东西束缚。试想一下，如果一个人内心的喜悦被这些外物所套牢，那么还怎么去发现生活中的美好呢？

电影《监狱风云》中有个叫亨利的男人，因误判而被送进了监狱。他在监狱中被狱官吊了好几天，但仍然满面笑容地对狱官说："谢谢你们治好了我的背痛！"

后来，狱官又把他关到了一个锡箱中，箱子因为被阳光照射而变得炽热，但亨利丝毫没有因此受到打击，居然要求狱官再让他待一天，因为他觉得十分有趣！

狱官看他很不顺眼，最后把他和一位凶残的杀人犯关进一间密室中。这名杀人犯在监狱中无人敢惹，狱官本想借他人之手好好"教训"亨利一顿，可当他们再回到这间密室的时候，却发现亨利和杀人犯在笑着打扑克！

　　在那么多不可控制的事物面前，亨利不但没有束缚住自己，反而愉快地接受了每一件"折磨"自己的事。正是因为他始终保持着这种愉快的心情，无论遇到怎样的困境，他都会喜悦地坦然接受。这也是很多哈佛学子所持的人生态度。

　　我们每个人都有遇到困境的时候，而多数的困境与亨利的遭遇相比都十分不值一提。即便如此，这些"不值一提"的、无法控制的困境也会让许多人一蹶不振、郁郁寡欢。例如你发自内心地喜欢一只小狗，自身的喜悦产生了愉快的能量场。在与小狗的接触过程中，你会持续地感觉到内心的喜悦。

　　但是，不幸的事发生了——小狗失踪了。你为此找遍了大街小巷，甚至在报纸上贴寻狗启事，但

最终还是没有寻回那只小狗。于是，你开始悲伤、开始懊恼，身边愉快的能量场也因此变得越来越弱，最后消失不见。

在这种时候，请别忘记你的内心深处还存在着喜悦的力量。它恰好是你摆脱所有困境的终极武器，让你在无法控制的事物面前也不会被负面向能量吞噬。小狗的走失是你生活中一次不可控制的事件，对待这类不可控制的事件，你需要以这种方式提醒自己：你爱的东西不属于你，你只是暂时拥有它们，而并非永远拥有。如果你执着地想要挽回那些不可挽回的事情，就像是想在冬天去摘秋天成熟的果子一样，是不可能做到的。

生活的意义并不是要让自己一次又一次地陷入不幸之中，你需要摒弃那些负面情绪，再次寻回内在的喜悦。只有保持这种愉悦的能量场，所有好的事物才会再次被你吸引回来。也许某一天的清晨，当你打开房门时，忽然发现那只走失的小狗又摇着尾巴等着你起床了……

心理学家告诉我们，当你觉得某件事情不可接受、不可控制的时候，你在潜意识里会否认它，批判它，你觉得这件事情影响了你的好心情，你开始自责，为什么会遇到这样的事情。你觉得你因为这件"不可接受、不可控制"的事情十分痛苦。

但是，批判与自责都会让生活陷入浮躁的气氛，在这种气氛中，所有的事情都会变得复杂，所有的能量都会互相撞击与干扰，从而让我们的生活混乱不堪。我们无须批判抗拒什么，因为生命本来就是单纯美好的，而我们活着的意义就是享受这种单纯与美好。

每个人的生命都是一张白纸，很简单、很纯粹，而我们手中都握有一支画笔。有人心情烦躁时，就随意在白纸上画上一条线，也许是直的，也许是弯的，也许是乱糟糟的一团；有人遭遇挫折时，在上面又画上些特殊的符号，可能是一幅简笔画，也可能是一个圆圈。久而久之，生命便失去了它本来的干净与简单，被一些我们自己画的东西弄得脏兮兮的。如果我们停止了对外界的批判，不再自责，那么这张白纸上就会少许多痕迹，生命也会恢复简单的状态。

【反本能攻略】

如果你在海边居住，就不要总想着在山里该如何生活，或是在山里生活能获得怎样的快乐。你应该想的是：怎样才能让自己在海边生活得更美好、更快乐。你的喜悦要遵从内心的感受，而不是受外界因素的干扰。你不能故意制造出阻碍你能量场和谐的因素，而是要愉快地接受所有不可控制的事物，内心的喜悦才会让你身边充满正向的能量场，使你一直处于和谐与美好之中。

认真负责，成败蕴藏在细节中

苏联宇航员加加林因在 1961 年作为世界上第一个进入太空的宇航员而名垂史册，成为人们敬仰的英雄。然而，英雄的成长过程是否也一样充满了传奇色彩呢？事实上，加加林可以从诸多优秀的备选宇航员中脱颖而出，所凭借的只是一个微小的细节。

在确定宇航员的最终人选的过程中，有二十多个人经过层层筛选进入最后的环节，他们每一个人的知识储备和身体素质都符合要求。由"东方1号"航天飞船的主设计师——罗廖夫确定最后人选，这让他举棋不定。

在一次宇航员培训过程中，罗廖夫忽然发现了加加林，因为在所有进入飞船的宇航员中，只有他一个人将鞋子脱下来，穿着袜子进入座舱，以免给机舱里带进灰尘。这个举动深获罗廖夫的好感，因为他为飞船倾注了无数心血，而加加林的举动正表示出他对罗廖夫工作的尊重。最后，罗廖夫决定让加加林来执行人类首次太空飞行的神圣使命。

加加林的命运被一个小小的细节改变了。如果成为第一个进入太空的宇航员的荣耀让加加林被永远铭记，那他的这一成功正是来自他对细节的重视。

由此可见，注重每一个细节，是认真负责的体现，也是取得成功的重要条件。不论是做人、做事，都应当从大处着眼，从小事做起。

在和平时代，我们所做的可能不是什么惊天动地的大事，更多的是一些平凡而琐碎的小事，如果我们把小事做好，把一些细小的事情做到位，认真对待每一件事，就能离成功更近。一个不注重细节的人，是不可能有冷静的头脑及过人的分析的，粗心大意和鲁莽行事是大忌。

密斯·凡德罗被誉为 20 世纪世界最伟大的建筑师。有一次，他被要求用一句话来描述自己成功的原因，他只说了五个字："魔鬼在细节。"密斯·凡德罗反复地强调："如果对细节的把握不到位，无论你的建筑设计方案如何恢宏大气，都不能称之为成功的作品。"

一个人的成功，有时并不需要波涛汹涌的艰难历程，伟大生活的基本准则都包含在最平常的小事中。"把每一件简单的事做好就是不简单；把每一件平凡的事做好就是不平凡。"生活的细节里藏着许多成功的可能，也有许多不成功的可能，关键看你如何对待它们。

【反本能攻略】

在人在本性中，都有一个自然的倾向，那就是逃避责任。但人类的进步必须通过责任的磨炼，所有有成就的人，都是有责任感的人。因此，责任来临的时候，请背负起责任。

反本能：
怎样战胜人性的弱点和你的习以为常

图书在版编目 (CIP) 数据

反本能：怎样战胜人性的弱点和你的习以为常 / 宋
洁著 . — 北京：中国华侨出版社，2019.8（2024.3 重印）
　ISBN 978-7-5113-7939-9

　Ⅰ . ①反… Ⅱ . ①宋… Ⅲ . ①成功心理－通俗读物
Ⅳ . ① B848.4-49

　中国版本图书馆 CIP 数据核字（2019）第 152685 号

反本能：怎样战胜人性的弱点和你的习以为常

著　　者：宋　洁
责任编辑：唐崇杰
封面设计：冬　凡
美术编辑：李丹丹
经　　销：新华书店
开　　本：880mm×1230mm　1/32 开　印张：7　字数：198 千字
印　　刷：三河市燕春印务有限公司
版　　次：2019 年 11 月第 1 版
印　　次：2024 年 3 月第 5 次印刷
书　　号：ISBN 978-7-5113-7939-9
定　　价：35.00 元

中国华侨出版社　北京市朝阳区西坝河东里 77 号楼底商 5 号　邮编：100028
发 行 部：（010）58815874　　　传　真：（010）58815857

如果发现印装质量问题，影响阅读，请与印刷厂联系调换。